上流から下流まで 生成AIが変革するシステム開発

酒匂寛 著　羽生田栄一 解説

日経BP

はじめに

　本書はソフトウェア開発の本です。といっても「○○言語による○○プログラミング」といったプログラミングの話題だけを扱う本ではありません。

　むしろ実際のプログラミングに入る手前までの道筋を中心にたどる本です。多くのソフトウェアは、問題を抱えた誰かがいて、その問題を整理したあと、その解決のために、どのようなソフトウェア作りをすればよいかを考える専門家に相談して作り上げられていきます。

　本書はそうした問題解決をする専門家、そしてこれから専門家になりたい人のための本です。さらに、こうした専門家とともに働く人（顧客となる発注者や経営層）のための本でもあります。

本書の特徴

　本書の特徴は、ソフトウェアによる問題解決の過程に生成AI（人工知能）を取り込んでいることです。ソフトウェアによる問題解決には

- 問題をはっきりさせる
- 問題の解法に合意する
- 解法を実装する
- 実装した解法を運用する

といったステップがあり、それぞれのステップに対して様々な手法が提案されてきました。生成AIによる支援もそうした手法の中に組み込まれる新しい武器となります。

　本書は（1）ソフトウェア開発の各ステップが満たすべき性質を俯瞰しながら、（2）そこにどのように生成AIを組み込んでいけばよいかを説明していきます。

　（1）を理解しておくことは大切です。そうすることで（2）をどのよ

うに進めていけばよいかの羅針盤が得られるからです。本書では進歩の著しい生成AIを使った航海に出ますが、(1)を理解しておくことで、この先に生成AIそのものが大きく変化したり、より新しい手法が生まれたりしても、自分たちの開発のために何をすればよいか（どのようにそうした変化を取り入れたらよいか）がわかりやすくなります。

生成AIの特性とその重要性

　前の節で、生成AIは「新しい武器」だと書きましたが、それはどのような武器なのでしょう。ここで話は少し遠くなるようですが、「Whatの道具」と「Howの道具」というお話をします。生成AIは「Whatの道具」なのです。

　これまで私たちが手にしてきた道具は、基本的に「Howの道具」でした。つまり、道具は強力で繊細な仕事をしてくれるものの、その手順は人間が事細かに教えてやる必要があったのです。

　たとえば「Howの道具」であったお絵かきソフトで絵を描くとします。するとこれまでは、モチーフを決め、レイヤーを決め、ブラシを選び、輪郭を描き、面に色を塗るという作業を人間が行う必要がありました。ところが最新のお絵かきソフトには「Whatの道具」の性質が組み込まれ始めています。いわゆる「AIによる作画」です。Howの道具には一つひとつ手順を指示しなければなりませんでしたが、Whatの道具には「このようなもの（What）が欲しい」という指示を出すことが基本になります。

　このように「どのように（How）作るのか」ではなく、「何が（What）欲しいのか」を指定することが特に生成AIを使うときに必要になるのです。これはこれまでの道具の使い方とはずいぶんと異なるやり方です。

　これまでのようなHowの道具を使いこなすときにも、最後の姿はイメージできなければなりません。作りながら行き先を徐々に考えていくティンカリングというやり方もありますが、普通の仕事のときにそれを

やると回り道が多くなりすぎて時間とお金が果てしなくかかってしまいます。

Whatの道具としての生成AI

　2023年になって生成AIと呼ばれる「道具」が大きく取り上げられるようになりました。それまでは賢いパターンマッチングのようだったAIとの対話が、あたかも人間と対話しているかのようなものとなり、ちょっとしたヒントから気の利いた答が出力されるようになってきました。

　たとえば「1 から n までの整数の合計を求める Python の関数を書いて！」とお願いすると、以下のような出力がすぐに得られます。

```
def sum_n(n):
    """1 から n までの整数の合計を計算します。

    Args:
        n: 合計を求める正の整数。

    Returns:
        1 から n までの整数の合計。
    """
    if n <= 0:
        return 0
    else:
        return n * (n + 1) // 2
```

　これを使って Python インタープリターで以下を実行してみると15

が得られます。

```
print(sum_n(5))
```

1+2+3+4+5=15 なので確かに正解ですね。でも、「これで完成！」でよいのでしょうか？中をよく見ると何やら「公式」のようなものを使っていることがわかります。以下の部分です。

```
n * (n + 1) // 2
```

ちなみにこの公式は等差数列の和を求める公式でもありますが、超有名な数学者のガウスが小学生の頃に思いついた公式でもあります。

ここで生成AIにお願いしたことは「1 から n までの整数の合計を求める Python の関数」（What）を書いてもらうことでした。どのように（How）Pythonの関数の中身を書いて欲しいかは指定していないことに注目してください。

こちらは「公式を使って関数を実現して欲しい」とは言っていないのに、生成AIがとりあえずこんなものだろうかと適当に作ってくれたのです。

さて、一見これで望んだものが得られたかのような気がしますが、本当でしょうか？この関数を欲しかった人の要求にこの関数は応えてくれるのでしょうか？本書の残りではそうした疑問も掘り下げていきます。

CONTENTS

はじめに ──────────────────────── 2
  本書の特徴 ─────────────────────── 2
  生成AIの特性とその重要性 ────────────────── 3
  Whatの道具としての生成AI ──────────────── 4

第1章 物語のはじまり ──────────── 11
  物語：ある日の午後 ──────────────────── 12
  物語：食堂「緋村」にて ───────────────── 12
  解説：この本の全体像 ────────────────── 14
    ソフトウェアを用いた問題解決の手順 ────────── 14
    生成AIの登場とその役割 ──────────────── 17
    生成AIを「仲間」にする ──────────────── 22
    Column　AI-in-the-Loop ─────────────── 23

第2章 課題探求 ─────────────── 25
  物語：第1回打ち合わせ - 質問票 ─────────── 26
  解説：質問文を作成する ───────────────── 29
  物語：施策案を挙げる ────────────────── 32
  解説：問題の解決案を考える ─────────────── 35
  物語：第2回打ち合わせ - ビジネスモデルキャンバス ── 36
  解説：ビジネスモデルを決定する ──────────── 40
  解説：「課題探求」の振り返り ────────────── 47

第3章 仕様策定（その1) ― 49

　解説：システム制約を考える ― 50

　物語：第3回打ち合わせ - 業務フローの検討 ― 50

　解説：業務を駆動するシステムの断片 - TiD ― 67

　解説：BMCとTiDの叩き台を作成する ― 69

　　TiDの検討と修正（1） ― 85

　　TiDの検討と修正（2） ― 89

第4章 仕様策定（その2) ― 103

　物語：第4回打ち合わせ - 業務フローとアプリの決定 ― 104

　解説：システム制約に合意する ― 115

　解説：詳細な仕様を書く ― 119

　　アプリケーションの仕様 ― 120

　　ビジネスレイヤーの仕様 ― 122

　　アプリケーション仕様とビジネスレイヤー仕様 ― 122

　解説：「仕様策定」の振り返り ― 138

　　Column アプリケーションとMVP ― 119

　　Column より厳密な仕様を書く ― 138

　　Column 4WDとTiD ― 141

第5章 設計と実装 ——————— 143

- 解説：設計と生成AI ——————— 144
- 解説：アーキテクチャを考える ——————— 145
- 解説：生成AIを使ってコードを生成する ——————— 157
  - インテリジェントなエディタの利用 ——————— 157
  - 生成AIチャットを利用したアプリケーション生成 ——— 165
  - 専用ツールによるアプリケーション生成 ——————— 173
  - エージェントによるアプリケーション生成 ——————— 176
- 解説：「設計と実装」の振り返り ——————— 179
  - **Column** ノーコード、ローコードと生成AI ——————— 177
  - **Column** 図式（ダイアグラム）とテキスト表現 ——— 180
  - **Column** プロンプトエンジニアリング ——————— 181

第6章 検証 ——————— 183

- 解説：正しさの2つの側面 ——————— 184
  - 妥当性確認（Validation） ——————— 187
  - 正当性検証（Verification） ——————— 200
  - レビュー ——————— 201
  - テスト ——————— 206
- 解説：「検証」の振り返り ——————— 215
  - **Column** 抽象化、詳細化、パラフレーズ ——————— 217

第7章 全体の振り返り ― 219
解説：開発ライフサイクル ― 220
解説：RAGとソフトウェア開発 ― 221
フレームワークとAPIを駆使したプログラミング ― 222
ノーコード、ローコード環境を使う手法 ― 223
RAGを簡単に実現できるアプリケーションの利用 ― 223
解説：モデルと表現 - 万能生成器としてのAI ― 225
物語：パイロット版稼働 ― 231

おわりに ― 233
解説：デジタル時代のすべての人に役立つ
AIとの付き合い方「読本」 羽生田栄一 ― 236

注：本書は生成AIの活用を考察する目的で、著者が各種生成AI（2024年9月時点の ChatGPT、Claude、Perplexityそれぞれの有料最新版など）を使った事例（プロンプトとその回答）に基づいた出力例を掲載しています。一部のイラストも生成AI（DALL・E3）で作成したものです。生成AIにおける機能性能の向上は著しいこともあり、事例の再現性は保証できないことをご了承ください。

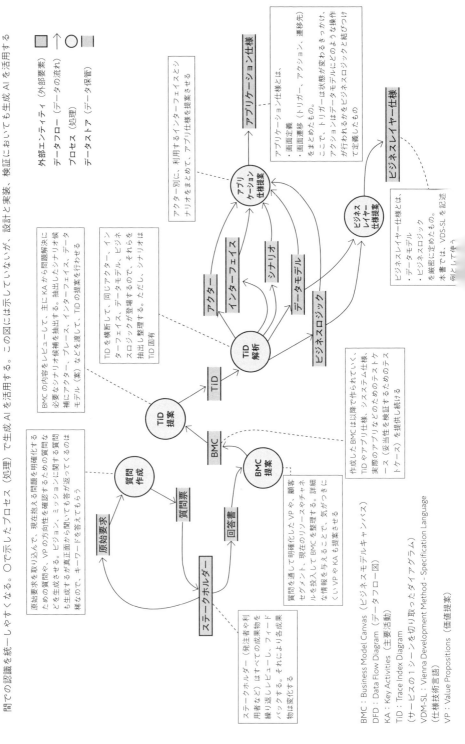

第 1 章

物語のはじまり

物語：ある日の午後

　僕は星見浩一郎（ほしみこういちろう）。小さなソフトウェア会社に勤めているSE（ソフトウェアエンジニア）だ、勤続6年目で既に現場ではリーダーを務めている。持ち込まれる案件は様々だけど、基本的には中小企業からの相談事が多い。

　多くは「ホームページを作って欲しい」から始まるのだけれど、実は「ホームページを作る」というのは手段に過ぎない。

　当然ながら、その向こう側には「そもそも何のためにその手段をとりたいのか？」が隠れているはずだ。僕の仕事の半分はその「何のために」をお客さんと話し合いながら明らかにしていくことで埋められている。残りの半分は、「何のために」がはっきりした問題を、「どのように」解決して実装するかを決めていくことだ。

　そのメールが飛び込んできたのは、昼食を食べて午後の仕事に取り掛かろうとしていたときだった。もっともメールの宛先は仕事用のアカウントではなく個人のアカウント宛だった。送り主は古い友人の緋村信之（ひむらのぶゆき）で相談事があるという。

　どんな相談事かと中身を読んでみると、彼が「IT担当者」になっている商店街絡みの企画で相談があるのだが、と書いてある。ちょっと待て、これは身の上相談じゃなくて僕の本業に関わる仕事の相談だぞ。友人の「相談」というのは厄介だ。簡単なアドバイスと本格的な仕事の区別がつきにくいからだ。ちょっとした助言程度ならいちいちお仕事モードにはならないけれど、ある程度の責任が伴う内容ならちゃんと費用をかけて条件も詰めなくちゃならない。

　まあとりあえず、営業を連れて行く前に一度会ってざっと話だけでも聞いてみよう。手間がかかるようなら改めて仕事として仕切り直しだ。

物語：食堂「緋村」にて

　緋村にメールを送って、本格的な話を聞く前にざっとした事情だけでも教えて欲しいと伝えた。緋村は僕たちの地元にある銀杏商店街（ぎん

なんしょうてんがい）で、親の代からやっている「食堂緋村」を手伝っている。

　最初に話を聞くのはランチタイムが終わって夜の営業が始まるまでの隙間時間にした。時間に制限があったほうが素早く要点だけ話しやすい。

緋村：やあ今日は悪かったね、わざわざ来てもらって。
星見：いやいや、まあとりあえず概要だけでも教えてもらわないとね。仕事になるかどうかはそれからだね。どんなことを考えてるの。
緋村：ああ、知っているように、うちの商店街も今はまだかろうじて賑わっているんだけれど、これから先は厳しそうなんだよね。高齢者も多いし。いろいろとイベントは仕掛けているんだけど、そのときは人を集められてもリピーターとして商店街に戻ってきてくれる人はそんなに多くないんだよね。まあうちは単なる食堂だからこれまではご近所さん相手だったけれどそれでもリピートしてくれる人には何かのサービスもしたいと思っててね。
星見：なるほど、単発的なイベントだけじゃなく、繰り返しお客さんが来てくれるような何かをやりたいということだね。そしてただ来てもらうだけじゃなくて、来ることで何らかの特典が欲しいと。
緋村：だからといって、毎月イベントというわけにもいかないしね。今は各店舗バラバラに割引券を配ったりスタンプカードを作ったりもしているけど、意外とあれも面倒なんだよ。印刷コストもかかるし、お客さんだって紙のクーポンやスタンプカードをもらっても、いろんなところが同じようなことをやるから増えすぎて不便だと思ってるんだよ。
星見：そうそう、あれは不便だね。専用のクーポン入れを使う人もいるけど、それでもね。

　そのあと緋村はあれこれと思いつきを話したが、直接「これ」をやりたいというアイデアまでは固まっていなかった。大まかには次のような内容だった。ともあれリピーターに対する何らかのサービスを提供したいことと、高齢者も多いのであまり操作が複雑なものにはしたくないけ

れど、全体のお知らせや個々のお店のニュース、期間限定のサービスなども比較的気軽に載せられるようにしたい……。

　さて、こうなると仕事にはなりそうだが、開発をするとなるとそれなりにお金もかかるし、運用のための費用もかかる。課題とその解決方法がはっきりしないので、現段階でどれほどの規模になるかはわからないが、ちょっとまとまった金額の費用は必要になりそうだ。緋村にはそもそもその辺の課題の分析と解の候補の検討から始めないとねと伝えた。

　もちろん、それなりの費用もかかると念押しをした（笑）。幸い地元商店街の規模はまだまあまあ大きくある程度の費用は捻出できそうだったが、はっきりした金額はもっと詳細を話し合ってみなければ決められない。

解説：この本の全体像

　さて、緋村のもやっとした依頼で仕事が始まりそうな気配ですが、本書ではこのあと以下のような想定に基づいて進みます。

ソフトウェアを用いた問題解決の手順

　ソフトウェア開発に限りませんが、問題を解決するには、まず「何が問題なのか」をはっきりさせなければなりません。問題解決を望む人は、ある環境の中で何らかの課題（問題、悩み、願望）を抱えていて、それを何とかしたいと思っています。

第1章　物語のはじまり

問題解決のためにはまず問題をはっきりさせる

　ここで書かれた「悩み」や「願望」や「問題」の中には、性質が明らかで解決も簡単なものもあります。たとえば「カップ麺を食べたい」という願望ならば、すぐに解決できそうですね。

　しかしここで取り上げるのはもう少し複雑な問題です。何だかもやもやとした悩みはあるのだけれど、何が問題なのかズバリと言えない状態、問題が的確に言えないので解決策もなかなか決まらないような状態を想像してみましょう。

　最初のステップはこのもやもやした状態から、何が問題なのか（解くべき対象なのか）をはっきりさせることです。こうしたらああしたらと単発的なアイデアは出るのだけれど、結局問題がはっきりとしていないために具体的な解決策に踏み出せません。

　緋村の願望は、最終的には商店街が賑わって自分のお店も繁盛することだと思いますが（逆かもしれませんが）、いずれにせよ店舗によっては期待するほどリピーターが少なくそれに対するケアのやり方もうまくいっていないことのようです。

15

ただ「問題解決」ではあまりに一般的過ぎるので、もう少し話の範囲を絞りましょう。ソフトウェアを使って何らかの仕事（ビジネス）の問題解決をしたいのですから、もやもやした悩み、問題、願望をどのような業務（ビジネス）で解決していくのかをまず考えることになります。

　以下にソフトウェアを使って問題解決をするときのステップを示します。

1. 悩みや問題を検討し話し合ううちに生まれたアイデアを、どのようなビジネスの形で解決するかをまず整理します。ここでは対象とする顧客層や主要な活動、生み出される価値、必要な資源などを検討します。
2. どのようなビジネスにするかを整理できたら、それを「誰が、いつ、どこで、何を行うのか」というシナリオに落としていきます。ここではシステムとの最上位の接点も描かれます。先に検討したビジネスの形を、どのような業務フローとシステムで実現するのかを決めていくとも言えます。
3. そして決まったシナリオが要求するシステムの「機能、データ、振る舞い」を決めていきます。ここで決められたものは「仕様」と呼ばれます。
4. 仕様が決まったら、それに従ってシステム（ソフトウェア）を作ります。多くの場合、仕様から設計し実装を行います。
5. 上のすべての段階で検証は必要です。

　ここまでで説明したソフトウェアによる問題解決のライフサイクルを図にすると次のようになります。

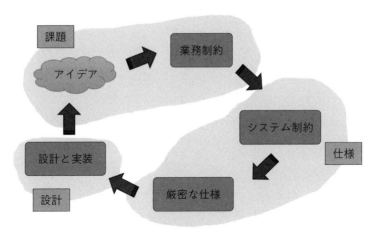

ソフトウェア開発のライフサイクル

　本書ではこの大きな流れに沿って解説していきます。ちなみに本章の物語の段階では、まだ「アイデアの断片」を星見が聞いただけなので、図では左上の「アイデア」と書かれた雲のような場所にいる状態です。

生成AIの登場とその役割
　従来のソフトウェア開発本の多くでは、こうした開発ライフサイクルと各ステップの成果物（モデル）を説明して、それを手作業で（ツールを使ったりもしますが）どのように作っていくかが説明されていました。

　これまで私たちは「Howの道具」しか持っていなかったからです。しかし「はじめに」でも説明したように、生成AIの登場によって私たちは「Whatの道具」を手に入れました。

　これは何を意味しているのでしょう。「何が欲しいか」をはっきりと伝えることで、成果物を一部なりともAIが生成してくれるようになるということです。

　簡単な例を挙げましょう。生成AI（ここではChatGPT、Claude、Perplexityそれぞれの有料最新版を想定しています）に対して、次に示すプロンプトを入力してみます。

> プロンプト:
> 典型的な顧客と商品の売上を管理するデータベースのスキーマを生成して

このプロンプトによって、たとえば以下のような応答が返されます。

顧客と商品の売上を管理するデータベースのスキーマを作成する場合、以下のようなテーブルとそれらをつなぐリレーショナルな構造を考えるとよいでしょう。

1. 顧客 (Customers)
- CustomerID (顧客ID):主キー、自動インクリメント
- FirstName (名):文字列型
- LastName (姓):文字列型
- Email (メールアドレス):文字列型
- Phone (電話番号):文字列型
- Address (住所):文字列型

2. 商品 (Products)
- ProductID (商品ID):主キー、自動インクリメント
- ProductName (商品名):文字列型
- Price (価格):数値型(小数点含む)
- StockQuantity (在庫数量):整数型

3. 売上 (Sales)
- SaleID (売上ID):主キー、自動インクリメント
- CustomerID (顧客ID):外部キー、顧客テーブルにリンク
- ProductID (商品ID):外部キー、商品テーブルにリンク
- Quantity (数量):整数型
- SaleDate (販売日):日付型
- TotalPrice (合計価格):数値型(小数点含む)、計算列(Quantity * Price)

リレーショナルな設計の例
- 顧客 テーブルは 売上 テーブルに1対多の関係でリンクされており、1人の顧客が複数の売上を持つことができます。
- 商品 テーブルも 売上 テーブルに1対多の関係でリンクされており、1つの商品が複数の売上に関連付けられることができます。

このスキーマは、顧客ごとの売上履歴や商品ごとの販売状況を簡単に追跡し、分析する基盤を提供します。必要に応じて、さらに詳細な属性や追加のテーブル

を導入して拡張することが可能です。

　これを見ると、ユーザーが事細かな属性に関しては何も指定していないにもかかわらず、典型的な顧客ならびに商品のデータベース（DB）のスキーマを生成AIが自分の知識で作り出していることがわかります。もちろん本当の仕事に使うときには必要な属性に関してもっと細かく指定する必要がありますが、ここは「Whatの道具」としての例を示すだけなのでこれでよしとします。

　ところで、同じ内容の図式表現を好む人もいるでしょう。そうしたとき たとえば ChatGPT なら通常の対話の中で「専門家GPT」を呼び出して図を描いてもらうこともできます。

　ここではデータベースのモデリングをする際によく描かれるERダイアグラム（エンティティ・リレーションシップ・ダイアグラム）を描いてもらいましょう。

> プロンプト（"Diagrams: Show Me" という名の専門家GPTを指定して呼び出している）：
> ではこのスキーマを ERダイアグラムにしてください。

　この結果、ダイアグラムを描く他の GPT が起動されて、以下のような回答が返されます。

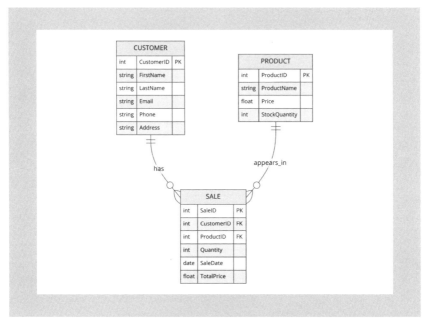

描いてもらったERダイアグラム

　おわかりのように、この図はプロンプトで「ERダイアグラムが欲しい」と指定しただけです。どのような色や線で描けとかCUSTOMER、PRODUCT、SALEエンティティをどのように配置しろとかは指示していないのです。
　言わずもがなですが、DDL（データ定義言語）への変換も依頼できます。

> プロンプト：
> ではこのスキーマをDDLにしてください。

　このような依頼をすると、以下のような応答が返ってきます。当然ながら細かいことは伝えていないので、生成AI側が適当に行間を埋めて回答してきます。
　たとえばDDLがSQLの一部であると認識したこと、DBMS（データ

ベース管理システム）としてMySQLを想定したことなどが回答に含まれています。

顧客と商品の売上を管理するためのデータベーススキーマをSQLのDDL（Data Definition Language）ステートメントに変換すると以下のようになります。ここでは、一般的なSQLデータベースシステムであるMySQLを想定しています。

```sql
-- 顧客テーブルの作成
CREATE TABLE Customers (
    CustomerID INT AUTO_INCREMENT PRIMARY KEY,
    FirstName VARCHAR(255) NOT NULL,
    LastName VARCHAR(255) NOT NULL,
    Email VARCHAR(255),
    Phone VARCHAR(20),
    Address VARCHAR(255)
);

-- 商品テーブルの作成
CREATE TABLE Products (
    ProductID INT AUTO_INCREMENT PRIMARY KEY,
    ProductName VARCHAR(255) NOT NULL,
    Price DECIMAL(10, 2) NOT NULL,
    StockQuantity INT NOT NULL
);

-- 売上テーブルの作成
CREATE TABLE Sales (
    SaleID INT AUTO_INCREMENT PRIMARY KEY,
    CustomerID INT,
    ProductID INT,
    Quantity INT NOT NULL,
    SaleDate DATE NOT NULL,
    TotalPrice DECIMAL(10, 2) AS (Quantity * Price) STORED,
    FOREIGN KEY (CustomerID) REFERENCES Customers(CustomerID),
    FOREIGN KEY (ProductID) REFERENCES Products(ProductID)
);
```

解説
- AUTO_INCREMENT: IDが自動で1ずつ増加することを示します。
- VARCHAR: 文字列型データを格納する場合に使用します。カッコ内の数字は最

> 大文字数です。
> ・DECIMAL: 小数を含む数値を格納する場合に使用します。カッコ内の最初の数字は全体の桁数、2番目の数字は小数点以下の桁数です。
> ・INT: 整数型データを格納します。
> ・DATE: 日付型データを格納します。
> ・FOREIGN KEY: 外部キー制約を示し、他のテーブルの行に関連づけられています。
>
> このDDLスクリプトは、指定されたスキーマを基にデータベーステーブルを作成するためのものです。必要に応じてデータ型や制約を調整してください。

　念のために言いますが、上の「解説」の部分も生成AIが出力したものです。このように単に結果だけでなく、説明文などを出してくれる「サービス精神のよさ」が生成AIの特徴の1つでもあるのです。

　こうした「忖度（そんたく）」はとても便利なのですが、その一方で勝手な仮定に基いた間違った結果が得られる可能性もありますし、必要以上の出力が得られてかえって困ってしまうこともあります。こうした場合の対処法も適宜説明していきます。

生成AIを「仲間」にする

　ソフトウェア開発に慣れていないとこうした出力を見ても戸惑ってしまうかもしれません。そもそもこんな細かい話は抜きにして「AIを使うとアプリケーションを素人でも作れるとか宣伝されていなかったっけ？」と思った人もいるかもしれませんね。

　その宣伝文句（「素人でもエンジニアにはなれる！」）は完全な間違いとは言えないものの、現時点（2024年9月）では、やや誇大広告と言えるでしょう。確かに経験が浅くても、ある程度のプロトタイプ（本物に近い模型のアプリケーション）を作ることはできますし、機能が限られたルーチン（プログラムの断片）を請け負って開発することもできるかもしれません。

　しかし開発者が問題を解きたい人の「もやもや」から解くべき問題を探し、その解法を決めて、実装をし、その品質を保証するという流れが

残る限り、まだしばらくは必要なシステムが勝手にどんどん作れてしまうということにはならないでしょう。

よく耳にすることだと思いますが、生成AIはとても有能なものの、丸投げして問題を勝手に解決してくれるほどの能力はまだありません。なぜなら「何が問題なのか」をはっきり認識しているのは（認識するための作業を行えるのは）結局人間しかいないからなのです。

発注者（解きたい問題を抱えた人）、受注者（問題を解決してあげる人）と並走する形で生成AIが登場し、うまく使いこなせるか協力できるかで大きな違いが出ます。

生成AIは、これまでのような単なる受身の道具ではなく、きめ細かな対話を行うことで力を発揮してくれるのです。

> Column
>
> ### AI-in-the-Loop
>
> 工学の幅広い分野で使われている言葉に、「ヒューマン・イン・ザ・ループ」（HITL：Human-in-the-loop）というものがあります。これは大きなシステムの一部にインテリジェントな人間を組み込み、大切な役割を果たしてもらおうという発想です。
>
> これだけ聞くと、人間を工場の一部に組み込むチャップリンの「モダン・タイムス」的ディストピアを想像するかもしれません。しかし本来のHITLは「モダン・タイムス」が描くような人間性の喪失や労働者の搾取とは逆の方向性を持っています。むしろ、人間の専門性や判断力の価値を高め、より公平で透明性の高い社会システムの構築を目指しているのです。
>
> 人間が作り上げた大きなシステムの中に、「インテリジェント」なAIを組み込むという動きもこれからますます増えていきそうです。これはある意味「AIイン・ザ・ループ」（AITL：AI-in-the-Loop）とでも呼ぶことができそうです。AIは決して人間ではありませんが、ロボットにも愛称を付けて仲間扱いしてしまう日本人にとって、AIも一種の「仲間」として受け入れられていくようになるのかもしれません。
>
> 道具としてのAIに、自分たちのシステム（ループ）の中でよい役割を

果たしてもらうためには、人間の側も自分たちの仕事の進め方を客観的に見ていく必要があります。それが整理されることで、AIをうまく組み込んでいくことも可能になるのです。本書ではAIを仲間に誘い込む先の「ループ」（開発プロセス）についても物語を通して説明していきます。

　なお、こうしたループはこの先どんどん多重化していくことが考えられます。AIを取り込んだ人間のループ、その人間ループをとりこんだプロジェクト統括ループ、プロジェクト統括ループの内容を参照している経営計画ループ、経営計画ループを参照している意思決定ループなどです。どのループにもこの先AIが入り込んでくることは避けられません。そしてますます各ループにおけるAIの役割（そしてAIだけでなく、参加メンバーの役割）を可視化することが大切になっていくでしょう。

　かつての組織は、1人の管理職が面倒を見られる相手の数が限られていたために、止むを得ず階層化していた部分があります。AIの登場により、これからはそうした単純な階層化は解消され、組織とは必要に応じた目的別ループの協調関係になっていくのかもしれません。

第 2 章

課題探求

物語：第1回打ち合わせ - 質問票

　あれから営業も入れて話は進み、緋村の件は仕事として請けることになった。といっても現段階ではどこまでの開発規模になるのかはわからない。まずは、取り組むべき問題をはっきりさせて解決の方向性を決めるところまでを一区切りとして、その個々の解決策に対して改めて別途見積もりを出すことになった。だが総予算の目安は決まっているのでいろいろと注意が必要だ。

　昼と夜の間の休憩時間だけでは短いし、午前中も仕込みがあるので、今回は食堂の休みの日に、緋村にこちらの会社に来てもらった。

星見：今日はありがとう。
緋村：こちらこそ、やっと始められて嬉しいよ。
星見：いろいろと状況を確認していきたいんだけど、とりあえず質問事項を用意したんだ。これに沿って質問していくけど、途中で新しいことを思いついたらそれも取り込んでいくから気軽に答えて欲しい。

　僕はプロジェクターに質問票を映しつつ、印刷した紙を緋村に手渡した。事前にメールで質問票を送って答えてもらうという手もあるけれど、本業のある中ではどうしても後回しになってしまう。なので実際に来てもらって眼の前で質問しながらまとめていくことにした。

　手渡したのは以下のような質問票だ。

【質問票】
1. 現在の顧客基盤について
   - どのような顧客が現在の主なリピーターですか？
   - 特に多く訪れる顧客層はどの年齢層、性別、職業ですか？
   - 現在の顧客はどのような方法で商店街を知りましたか？
2. 商店街の魅力と提供価値
   - 商店街を訪れる顧客にとっての主な魅力は何ですか？

- ・他の商業施設と比べて、商店街の独自の強みは何ですか？
- ・現在、商店街で提供しているサービスや商品についての顧客からのフィードバックはどうですか？

3. アクセスと利便性
   - ・商店街へのアクセス方法（電車、車、徒歩など）はどのようになっていますか？
   - ・駐車場や公共交通のアクセスは十分ですか？
   - ・商店街の営業時間や開店日は顧客の利用しやすい日時に設定されていますか？

4. マーケティングとプロモーション
   - ・商店街で現在行っているプロモーション活動はありますか？
   - ・SNSやウェブサイトなど、デジタルマーケティングはどの程度活用されていますか？
   - ・特定のイベントやフェスティバルを定期的に開催していますか？

5. 将来の展望と改善策
   - ・商店街を訪れるリピーターを増やすために考えている具体的な計画はありますか？
   - ・短期間と長期間で設定している目標は何ですか？
   - ・顧客のニーズや要望に応えるために検討している新しいアイデアはありますか？

星見：事細かに聞いてもいいんだけど、まずは「現在の顧客基盤」にある質問を読んでわかっている範囲で教えてくれないかな。

緋村：そうだね。今だと大人は昼時のランチ客とかが多いね。近所に勤めている人とか、外出してきたお年寄りとかが中心なんだ。夕食だと電車で帰ってきた勤め人とかかな。ついでにお酒を飲む人も多い。学生さんはファストフードが多いけど、ときおり宴会で居酒屋を使うね。

星見：「商店街の魅力」はどうかな。

緋村：うん、星見も知っている通り、数年前に大型店舗が撤退しちゃっ

てね。そこから人の流れも減り気味なんだよ。頑張ってイベントで盛り上げようとしているけどね。魅力としては昔からやっている個性的なお店が多いということかな。まあ全国チェーン系のお店も増えてはいるんだけどね。それとは別に最近は若い人による新しいお店の開店もいくつか続いているね。

　質問票を元にその後も脱線しながら、いろいろと考えを聞いていくことができたが、インタビュー結果のメモは以下のようになった。

【メモ】
1. 顧客には近所に住んでいる住人が多い。昼は高齢者や近隣の勤め人のランチ客、夜は勤め人や学生が増える。学生はファストフードの利用が多いが、数は少なくてもときどき居酒屋の宴会が行われる。駅前の商店街なので、駅を中心にした人の流れができていて、それによって商店街も知られている。
2. 商店街の魅力は駅が近く、飲食店が多いこと（ただし最近入れ替わりが多い）。昔からやっている個人店には独特の魅力を持っている店も多い。駅ビルと駅近くに商業ビルがあって、電化製品や書籍、衣服などが手に入る。数年前の大型店舗の撤退によって街の吸引力は落ちているかも。
3. アクセスは駅前という点で良好。駐車場は散在していて、エリアによっては使いにくい。駐輪場は少なく、大規模なものは駅から少し歩くところにある。商店街の営業時間については、飲食店はランチタイムと夕食の時間の間に休憩を取る店が多い。カフェやチェーン店は継続営業をしている。商店街としての休みは決まっているわけではないが水曜日にとる店が多い。
4. 商店街は季節ごとに集客イベントをやっているが、野外コンサートや（商店街からの出店あり）、スタンプラリーのような周遊型イベントを行っている。ホームページはあるがあまり活発な活動はしていない。

> 5. イベントをやっても、それなりの集客はあるものの、リピーターの増加にはつながっていない。継続的に来ることで何らかの一過性ではない特典が得られるとよいのでは、という意見が役員会では出ている。ともあれ一過性のイベントで短期的な集客はできているので、長期的にリピーターを増やしていけるような施策が欲しい。

星見：いろいろと教えてもらってありがとう。次回はこの答を分析した結果を元にいくつか提案を持ってくるよ。

緋村：わかった。とりとめない感じで話してしまったけれど、次回の打ち合わせを楽しみにしているよ。

解説：質問文を作成する

　ここで示したのは模擬的なインタビューですが、最初に気になる質問をして、依頼者の問題や状況、解決の方向性を探っていくことは変わりません。こうしたときには背景情報をまず調べ、類似の状況から問題点をピックアップして、質問の方向性などを決めていくのが1つのやり方です。

　そのうえでインタビューは虚心に行われる必要があります。事前に調査をやりすぎたせいで、ともすれば自分の知っている問題点とその解決手段に依頼者の答を誘導しがちになることもありますが、自分の知っていることは背景知識として持ちながらも目の前にいる依頼者の本当の問題と課題を引き出す必要があります。

　事前に用意する質問票はそのきっかけです。

　ここに大きなコストをかけず、それでも大きな抜けのない質問票を用意するために、生成AIがどのように使えるのかを見てみましょう。

　これからも繰り返し出てきますが、生成AIへの依頼（プロンプト）には基本の型があります。個々の流儀は様々ですが、たとえば複雑な問題に対しては、以下のような要素は盛り込みたいところです。

（1）生成AIに割り当てたい役割
（2）前提条件や背景情報
（3）生成する成果物とその出力形式

必要に応じて、以下も加えます。

（4）仕事の遂行のために不足している情報があれば質問をするように生成AIへ促す

たとえば、前の節で星見が出してきた質問票は以下のようなプロンプトを使って得られたものでした。

```
プロンプト：
#役割
あなたは問題分析のエキスパートです
#状況
お客さんが相談にやってきました
#課題
お客さんは商店街に来るリピーターを増やしたいと思っている。街の外から電車や車でやって来る人だけなく、近隣から徒歩で来る人もリピーターとして考えたいという。
今日は最初のインタビューです
#タスク
お客さんに尋ねるべき質問項目のカテゴリを考えて、その質問項目のカテゴリごとに必要な質問項目を生成して
#補足
タスクを遂行する上で疑問があれば質問して
```

ここで（1）「生成AIに割り当てたい役割」に対応するのが以下です。

```
#役割
あなたは問題分析のエキスパートです
```

次に（2）「前提条件や背景情報」に対応するのが以下です。

```
#状況
お客さんが相談にやってきました
#課題
お客さんは商店街に来るリピーターを増やしたいと思っている。街の外から電車や車でやって来る人だけなく、近隣から徒歩で来る人もリピーターとして考えたいという。
今日は最初のインタビューです
```

そして（3）「生成する成果物とその出力形式」に対応するのが以下です。

```
#タスク
お客さんに尋ねるべき質問項目のカテゴリを考えて、その質問項目のカテゴリごとに必要な質問項目を生成して
```

最後の（4）に相当する部分が以下になります。

```
#補足
タスクを遂行する上で疑問があれば質問して
```

この例題では単に（2）でテキストをプロンプトとして与えているだけですが、生成AIは文書ファイルをアップロードして利用できるようになりつつあります。

ChatGPT、Claude、Perplexityそれぞれの有料版はいずれも画像やPDFファイルをアップロードして、その情報を（2）の「前提条件や背景情報」として利用できるようになっています。

ここで行ったのは、次の図の左上の○で囲まれた部分（アイデア）です。

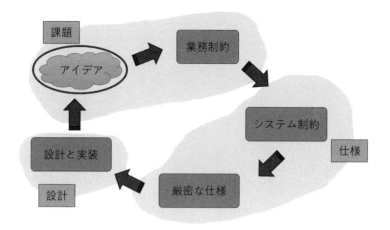

　ここでは簡単なやり取りだけですが、生成AIに様々な「役割」や「条件」を与えて、対話を深めることが大切です。生成AI側にも積極的に「質問をするように」投げかけて、依頼者にも質問をどんどん投げて整理を進めましょう。

物語：施策案を挙げる

　打ち合わせのあと、僕は内容を整理してみた。話し言葉で断片的に語られた内容からまとめてみるのだが、これまでのやり方だと議事録から話の流れを再現してまとめ直すか、改めてテープ起こしなどの技術を使って一旦言葉にしてから改めてまとめることが多かった。どちらもこれまでは大変な手間だったが、今では生成AIをうまく活用することで、打ち合わせのメモをうまく整理できる。

　まずプロンプトとして質問票の内容と、それに対応したメモを与えて、内容を整理させることにした。

> プロンプト：
> 注）ここでは質問の生成を行ったスレッドに新しく以下のようなプロンプトを投入した。質問と回答を改めて与えて、最後の「#タスク」を加えてもよい。

状況
上の質問に対して、以下のような回答を得ました。
===
1. 顧客には近所に住んでいる住人が多い。昼は高齢者、夜は勤め人や学生が増える。駅前の商店街なので、駅を中心にした人の流れができていて、それによって商店街も知られている。
2. 商店街の魅力は駅が近く、飲食店が多いこと（ただし最近入れ替わりが多い）。昔からやっている個人店には独特の魅力を持っている店も多い。駅ビルと駅近くに商業ビルがあって、電化製品や書籍、衣服などが手に入る。
3. アクセスは駅前という点で良好。駐車場は散在していて、エリアによっては使いにくい。駐輪場は少なく、大規模なものは駅から少し歩くところにある。商店街の営業時間については、飲食店はランチタイムと夕食の時間の間に休憩を取る店が多い。カフェやチェーン店は継続営業をしている。商店街としての休みは決まっているわけではないが水曜日にとる店が多い。
4. 商店街は季節ごとに集客イベントをやっているが、野外コンサートや（商店街からの出店あり）、スタンプラリーのような周遊型イベントを行っている。ホームページはあるがあまり活発な活動はしていない。
5. イベントをやっても、それなりの集客はあるものの、リピーターの増加にはつながっていない。継続的に来ることで何らかの一過性ではない特典が得られるとよいのでは、という意見が役員会では出ている。ともあれ一過性のイベントで短期的な集客はできているので、長期的にリピーターを増やしていけるような施策が欲しい。

タスク
この内容をまず読み込んで整理した結果を出力してください。

この結果、以下のような出力が生成AIから得られた。

状況の整理
まず、商店街の現状を整理しましょう。以下の点が特に重要です。

1. 顧客基盤：
・近所に住む住民が多く、昼間は高齢者、夜間は働き人や学生が増える。
・駅を中心にした人流により自然と商店街が知られている。
2. 魅力と提供価値：
・駅近くでアクセスが便利。
・飲食店が多いが、最近は店の入れ替わりが多い。

・歴史ある個人店には独特の魅力がある。
3．アクセスと利便性：
・駐車場や駐輪場が使いにくい点が課題。
・営業時間が店によって異なり、特に飲食店は昼と夜の間に休憩を取る。
4．マーケティングとプロモーション：
・季節ごとの集客イベントは実施しているが、デジタルマーケティングは活発ではない。
5．将来の展望と改善策：
・短期的な集客イベントは成功しているが、リピーターを増やす効果は限定的。
・継続的な特典を提供することが、長期的なリピーター増加につながる可能性がある。

　この内容を踏まえつつ、さらに実施可能な施策案を出力するように依頼した。
　使ったプロンプトは以下のようなものだ。

プロンプト：
注）引き続き同じスレッドで対話している。このため #役割 や #状況 などを改めて与える必要はない（もちろん与えてもよい）。タスクが簡潔な場合はわざわざ「#タスク」などを付ける必要はない。

先の整理内容を踏まえて、実行可能な施策案をカテゴリ別にいくつか挙げてください

　このあと、質問の答そのものの整理に何度か遡って追加情報を付け加えた結果、生成AIからは以下のような出力が得られた。

実行可能な施策案

1．ロイヤルティプログラムの導入
・ポイント制度：商店街全体で利用できるポイントカードを導入し、一定額以上の購入でポイントが貯まるシステムを設ける。ポイントは特定の店舗や特典で利用可能。
・スタンプカード：商店街の各店舗でスタンプを集めることができ、一定数集め

ると割引やプレゼントが受けられる。

2. アクセス改善
 ・駐輪場の拡充：駅近くに大規模な駐輪場を新設または拡充することで、自転車利用者のアクセスを向上させる。
 ・シャトルサービスの提供：駐車場が遠い場合、商店街と駐車場間でシャトルバスを運行する。

3. デジタルマーケティングの強化
 ・アクティブなウェブサイト運営：店舗の情報、イベントスケジュール、特典情報を常に更新し、顧客がアクセスしやすい形で提供する。
 ・SNSの活用：日々の出来事、特別なプロモーション、顧客の体験談を積極的にSNSで共有し、エンゲージメントを高める。

4. イベントとエンゲージメントの向上
 ・テーマイベントの開催：季節ごとのイベントに加え、たとえば「レトロデー」や「グルメフェスティバル」といったテーマで特別イベントを定期的に開催する。
 ・ワークショップやクラスの提供：地元の住民が参加できる料理教室や工芸品作りのクラスを商店街で提供し、訪れた顧客との関わりを深める。

これらの施策を組み合わせることで、短期的な集客だけでなく、リピーターを増やし、商店街全体の魅力を高めることが可能です。

とりあえずこの内容を第2回目の叩き台と使うことにしよう。もちろん叩き台としてもまだ粗いので、それぞれに必要な追加情報を集めて添付することにする。たとえばポイント制度の事例などだ。

解説：問題の解決案を考える

何らかの施策（それは問題に対する解ということです）を進めるにせよ、まずはその叩き台が必要になります。次の図では点線の〇で囲まれた部分（業務制約）を作ることに相当します。

アイデアの出し方は様々ですが、漠然とした問題意識、現在の状況、望ましい方向性などを繰り返しまとめては分析し直すことで、段々と施

策案が浮上してきます。

　この過程に前節で述べたような生成AIを使ったやり取りを援用できます。

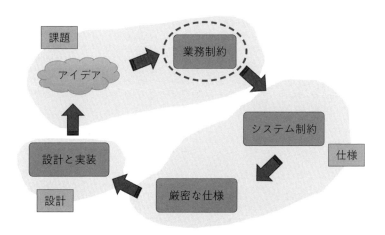

　図で業務制約と書かれた部分は、依頼者と開発者が質問とその答のやり取りを通してアイデアを練り上げたあと、業務（ビジネスモデル）の形として作り出す部分です。

　この段階ではまだ最終決定ではないので点線で囲んでいます。

　次に前節で用意した施策案を叩き台にして、依頼者と打ち合わせをして、最終的な業務（ビジネスモデル）を構築します。

第2回打ち合わせ - ビジネスモデルキャンバス

　事前に施策案を叩き台として送って、ある程度商店街側の意見も集約してもらって第2回の打ち合わせをすることになった。

星見：この前はありがとう。前回の内容を整理してメールで送った施策案を商店街の役員会である程度検討してもらったということだけど、どうだったかな。まあ皆さん忙しかったとは思うけどね。今日は施策案のどれをもっと検討するかを決めたいね。

緋村：皆でざっと読んだだけであまり細かく検討する時間はなかったんだよね。ぱっと見ではどれも大事だと思うけれど、手を付けやすいのはポイントとかウェブサイトの活用かなという話は出たね。

星見：そうだね、アクセス改善などは行政の動きも絡んでくるし、イベントは既にやっているチームがあるようだしね。ウェブの強化とポイントとかスタンプカードとかは導入しやすいかもしれないね。

緋村：そうなると……。たとえばポイント制とかスタンプカードだけど、既にそれぞれの店舗が独自にやってるスタンプカードとかもあるんだよね。その辺のサービスは個々の店で決めているし、新しく共通スタンプカードというのは難しいのかも、という意見もあったね。

星見：古いスタンプカードを持ってきて「何とかして！」というのもあるだろうしね。まあ顔が見える個人商店だと、その辺は柔軟に対応したいという店舗も多いだろうね。それにポイントカードは購入金額に対するポイント還元みたいなものが多いけれど、個人店のスタンプカードは来店回数でカウントしてるものも多いだろうから簡単には統一できないしね。

緋村：ポイント制を導入した場合の全体像はどうなるんだろう。

星見：実はポイント制が真っ先に検討されるかなと思ったので、あらかじめそれを中心にした場合の全体像を書いておいたんだ。ビジネスモデルキャンバスという手法なんだけど、ビジネスモデルに登場する要素を挙げたものなんだよ。これがその内容なんだ。

新たに商店街で共通ポイント制度を導入する場合のビジネスモデルキャンバスを以下の通り構成しました。ポイント制によるリピート特典と顧客の利便性を最前面に出し、デジタル技術を活用して運営コストを最小化します。

1. 顧客セグメント（Customer Segments）
・商店街に訪れる人々全般
・地元の住民（高齢者、働く世代、学生）

- 駅を利用する通勤者や通学者
- 地域外からの訪問者

2. 価値提案（Value Propositions）
- ポイント制によるリピート特典
- 買い物ごとにポイントが貯まり、これを将来的な割引や特典交換に使用可能。
- ポイントを使って商店街内の特定のイベントやサービスを利用できる。
- デジタルポイントカードを通じた簡単で速いポイントの蓄積と使用。

3. チャネル（Channels）
- デジタルチャネル
- スマートフォンアプリ（iOS/Android対応）を通じたポイント管理と情報提供。
- 商店街の公式ウェブサイトおよびSNSを通じた情報発信とプロモーション。

4. 顧客関係（Customer Relationships）
- パーソナライズされたコミュニケーション
- アプリを通じた個別のプロモーション通知。
- 定期的なフィードバックと顧客満足度調査。

5. 収益の流れ（Revenue Streams）
- ポイントを介した交換での追加収益。
- 特定の製品やサービスの購入時にポイント使用を促進。
- 店舗間の収益分配モデルに基づく手数料収入。

6. 主要リソース（Key Resources）

・デジタルインフラストラクチャ
・スマートフォンアプリ開発と維持。
・サーバーとデータベースの運営。
・人的リソース
・アプリ開発者、データアナリスト、カスタマーサポート。

7. 主要活動（Key Activities）
・アプリとシステムの開発と維持。
・データ管理と分析。
・顧客とのエンゲージメント活動。
・プロモーションとマーケティングキャンペーンの運営。

8. 主要パートナーシップ（Key Partnerships）
・技術提供者
・アプリ開発会社、クラウドサービス提供者。
・商店街内の各店舗
・協力的なリレーションシップを築き、システム導入を支援。

9. コスト構造（Cost Structure）
・初期開発費用と継続的なシステム維持費。
・マーケティングと顧客支援のための運営費。
・技術パートナーへの支払い。

このビジネスモデルキャンバスを基に、商店街の共通ポイント制度の計画の詳細を策定し、効果的な運用に向けて進めることができます。

緋村：何となくわかるけど、これってどう読めばよいのかな。
星見：大切なのは「顧客セグメント」と「価値提案」だね。要するに「誰を相手」に「どんな嬉しいこと」を届けたいかということなんだ。

このモデルは既存のビジネスモデルの分析にも使えるし、新しいビジネスモデルの検討にも使える。全体の見出しみたいなものだね。
緋村：なるほど。新しいビジネスモデルを検討するときはまず「顧客セグメント」と「価値提案」を埋めて残りの部分を検討していけるし、既存のビジネスモデルを分析するときにはこの箱をとりあえず埋めてみて欠けている部分や改善できる部分がどこかなどを話し合うきっかけにできるんだ。
星見：そうだね。まあもちろんここに書かれているのはキーワードだけなので、中身をもっと詳しく検討する必要はあるけれど、単に「ポイント制導入」というよりもやることや検討すべきことの全体像が見えてきた感じがしないかい？
緋村：確かに全体像を眺めるにはいい感じかな。これをもっとわかりやすく表現する方法はあるのかな？
星見：一般的な図式記法としては、以下（次ページ参照）のようなものがあるよ。これだと一枚で収まるので、より一覧性はよいかもね。
緋村：これだけでもやることはたくさんあることがよくわかったよ（笑）。
星見：それぞれについて簡単に説明するけれど、その内容から正式にポイント制を検討するかどうかを決めて欲しいんだ。もちろん他の解決策、たとえばSNS発信を最優先するといった解決策を最優先にしてもらってもいいけど、ポイント制を実施すると、既にチャネルにも書かれている通り、SNSなどのオンラインとの連携は避けられなくなるけどね。

解説：ビジネスモデルを決定する

　第2回打ち合わせに出てきたビジネスモデルキャンバス（BMC）について説明しておきましょう。
　BMCは、スイスのビジネスコンサルタント、アレックス・オスターワルダーとイヴ・ピニュールによって提唱されました。このツールは、企業のビジネスモデルを可視化し、分析するために使用され、新しいビジネスモデルを考案したり、既存のビジネスモデルを改善したりする際に役立ちます。

第2章 課題探求

KP (主要パートナーシップ)

技術提供者
- アプリ開発会社、クラウドサービス提供者。

商店街内の各店舗
- 協力的なリレーションシップを築き、システム導入を支援。

KA (主要活動)
- アプリとシステムの開発と維持。
- データ管理と分析。
- 顧客とのエンゲージメント活動。
- プロモーションとマーケティングキャンペーンの運営。

KR (主要リソース)

デジタルインフラストラクチャ
- スマートフォンアプリ開発と維持。
- サーバーとデータベースの運営。

人的リソース
- アプリ開発者、データアナリスト、カスタマーサポート。

VP (価値提供)
- ポイント制によりビート特典。
- 買い物ごとにポイントが貯まり、これを将来的な割引や特典カードに使用可能。
- ポイントを使って商店街内の特定のイベントやサービスを利用できる。
- デジタルポイントカードを通じた簡単で速いポイントの蓄積と使用。

CR (顧客との関係)

パーソナライズされたコミュニケーション
- アプリを通じた個別的なプロモーション通知。
- 定期的なフィードバックと顧客満足度調査。

CH (チャネル)

デジタルチャネル
- スマートフォンアプリ（iOS/Android対応）を通じたポイント管理と情報提供。
- 商店街の公式ウェブサイトおよびSNSを通じた情報発信とプロモーション。

CS (顧客セグメント)
- 商店街に訪れる人々全般。
- 地元の住民（高齢者、く世代、学生）。
- 駅を利用する通勤者や通学者。
- 地域外からの訪問者。

CS (コスト構造)
- 初期開発費用と継続的なシステム維持費。
- マーケティングと顧客支援のための運営費。
- 技術パートナーへの支払い。

RS (収益の流れ)

ポイントを介した交換での追加収益。
- 特定の製品やサービスの購入時にポイント使用を促進。
- 店舗間の収益分配モデルに基づく手数料収入。

41

BMCは、顧客セグメント、価値提案、チャネル、顧客関係、収益の流れ、主要リソース、主要活動、主要パートナーシップ、コスト構造の9つの要素で構成されています。これらの要素を1枚のキャンバス（図表）上に配置し、それぞれの関連性を示すことで、ビジネスモデルを一目で把握できるようになっています。

BMCを使うことで、ビジネスモデルの全体像を簡単に理解することができ、事業の強みや弱み、機会や脅威を特定し、改善点を見つけることができます。また、社内での情報共有やコミュニケーションを促進し、イノベーションを促すことができます。さらに、新しいビジネスアイデアの評価や、事業計画の策定にも役立ちます。

商店街の例だけではなく、もっと身近な例も出してみましょう。たとえばAmazonのBMCを作成してみましょう。

細かい指定方法もありえますが、ここでは基本的なプロンプトを与えるだけにします。

> プロンプト：
> 注）以下のプロンプトを投入する前に、「ビジネスモデルキャンバスを知っていますか？」「ビジネスモデルキャンバスの各要素について説明してください」というプロンプトを入力して、生成AIに準備を整えさせています。
>
> #役割 あなたはビジネスモデルの専門家です
> #タスク オンランショップとしてのAmazonのビジネスモデルキャンバスを書いてください。

この結果、以下のBMCが得られました。

> Amazonのオンラインショップとしてのビジネスモデルをビジネスモデルキャンバスの形式で分析することは非常に興味深いタスクです。以下に、Amazonの各要素を詳細に記述します：
>
> 1. 価値提案（Value Propositions）
> ・幅広い商品の提供：書籍、電子機器、衣料品、食料品など、ほぼあらゆるカテ

ゴリの商品を提供。
- 競争力のある価格設定：大規模な供給チェーン管理と効率的な物流を通じて、競争力のある価格を実現。
- 顧客体験の最適化：ユーザーフレンドリーなウェブサイトとパーソナライズされたショッピング体験。
- Amazon Prime サービス：送料無料、急速配送、ストリーミングサービスなどの特典を提供。

2. 顧客セグメント（Customer Segments）
- 一般消費者：日常的な商品から高価な電子製品まで、幅広いニーズに応じた商品を求める個人。
- 企業顧客：Amazon Business を通じて業務用商品や量販購入のニーズを満たす。
- サードパーティの販売者：マーケットプレイスを通じて自らの商品を販売する企業や個人。

3. チャネル（Channels）
- オンラインプラットフォーム：全ての販売がウェブサイトとモバイルアプリを通じて行われる。
- 物流ネットワーク：Amazon Fulfillment Centers を活用した高速配送。

4. 顧客との関係（Customer Relationships）
- 自動化されたサービス：推薦エンジンによるパーソナライズされた商品推薦。
- 顧客サポート：24時間対応のカスタマーサービス。
- ユーザーコミュニティ：レビューや評価を通じたユーザー同士の交流。

5. 収益の流れ（Revenue Streams）
- 商品販売：直接販売による収益。
- サードパーティ販売手数料：マーケットプレイスを利用する外部販売者からの手数料。
- サブスクリプション料：Amazon Prime 会員からの年会費や月会費。
- 広告収入：サイト内広告による収益。

6. 主要活動（Key Activities）
- プラットフォームの運営と維持。
- 商品の在庫管理と物流。
- テクノロジーとインフラの開発、特にデータ分析とクラウドコンピューティング。

7. 主要リソース（Key Resources）
・物流インフラ：倉庫、配送ネットワーク、運送手段。
・テクノロジー：強力なITインフラとデータセンター。
・人的資源：技術者、データアナリスト、カスタマーサポート。

8. 主要パートナーシップ（Key Partnerships）
・サプライヤーとメーカー：幅広い商品の供給を確保。
・配送業者：全世界への迅速な商品配送を実現。
・サードパーティの販売者：マーケットプレイスを通じた商品の多様化。

9. コスト構造（Cost Structure）
・物流と配送コスト：商品の保管から配送までのコスト。
・テクノロジーとインフラの維持費用。
・広告とマーケティングの費用。
・従業員給与と福利厚生のコスト。

このビジネスモデルキャンバスを通じて、Amazonの複雑で多面的なビジネス構造を一目で把握することができます。このモデルは、同社がどのようにして業界のリーダーとなり、異なる市場で成功を収めているかを示しています。

　このテキストを前節でも取り上げた図式に当てはめると次のようになります。

第 2 章　課題探求

KP (主要パートナーシップ)
- サプライヤーとメーカー：幅広い商品の供給を確保。
- 配送業者：全世界への迅速な商品配送を実現。
- サードパーティ販売者：マーケットプレイスを通じた商品の多様化。

KA (主要活動)
- プラットフォームの運営と維持。
- 商品の在庫管理と物流。
- テクノロジーとインフラの開発、特にデータ分析とクラウドコンピューティング。

KR (主要リソース)
- 物流インフラ：倉庫、配送ネットワーク、運送手段。
- テクノロジー：強力なITインフラとデータセンター。
- 人的資源：技術者、データアナリスト、カスタマーサポート。

VP (価値提供)
- 幅広い商品の提供：書籍、電子機器、衣料品、食料品など、ほぼあらゆるカテゴリの商品を提供。
- 競争力のある価格設定：大規模な供給チェーン管理と効率的な物流を通じて、競争力のある価格を実現。
- 顧客体験の最適化：ユーザーフレンドリーなウェブサイトとパーソナライズされたショッピング体験、Amazon Prime サービス：送料無料、急速配送、ストリーミングサービスなどの特典を提供。

CR (顧客との関係)
- 自動化されたサービス：推薦エンジンによるパーソナライズされた商品推薦。
- 顧客サポート：24時間対応のカスタマーサービス。
- ユーザーコミュニティ：レビューや評価を通じたユーザー同士の交流。

CH (チャネル)
- オンラインプラットフォーム：全ての販売がウェブサイトとモバイルアプリを通じて行われる。
- 物流ネットワーク：Amazon Fulfillment Centers を活用した高速配送。

CS (顧客セグメント)
- 一般消費者：日常的な商品から高価な電子製品まで、幅広いニーズに応じた商品を求める個人。
- 企業顧客：Amazon Business を通じて業務用商品や量販購入のニーズを満たす。
- サードパーティ販売者：マーケットプレイスを通じて自らの商品を販売する企業や個人。

CS (コスト構造)
- 物流と配送コスト：商品の保管から配送までのコスト。
- テクノロジーとインフラの維持費用。
- 広告とマーケティングのコスト。
- 従業員給与と福利厚生のコスト。

RS (収益の流れ)
- 商品販売：直接販売による収益。
- サードパーティ販売手数料：マーケットプレイスを利用する外部販売者からの手数料。
- サブスクリプション料：Amazon Prime 会員の年会費や月会費。
- 広告収入：サイト内広告による収益。

45

ちなみに各要素間の関係を Mermaid（マーメイド）記法で図示せよと生成AIに指示すると、以下のようなコードが得られます。

```
graph TB
  VP ["価値提案 (Value Propositions)"]
  CS ["顧客セグメント (Customer Segments)"]
  CH ["チャネル (Channels)"]
  CR ["顧客との関係 (Customer Relationships)"]
  RS ["収益の流れ (Revenue Streams)"]
  KA ["主要活動 (Key Activities)"]
  KR ["主要リソース (Key Resources)"]
  KP ["主要パートナーシップ (Key Partnerships)"]
  CT ["コスト構造 (Cost Structure)"]

  VP -- "顧客セグメントに提供" --> CS
  VP -- "チャネルを通じて配信" --> CH
  CH -- "顧客との関係を確立" --> CR
  CR -- "収益の流れを生成" --> RS
  CS -- "チャネルを利用" --> CH
  KA -- "価値提案を支える" --> VP
  KR -- "活動を可能にする" --> KA
  KP -- "リソースを供給" --> KR
  KA -- "コストを発生させる" --> CT
  RS -- "ビジネスの運営資金を供給" --> KA
  KR -- "コスト構造に影響" --> CT
```

　これを実際にレンダリングした図は以下のようなものになります。要素間の関係が視覚的に示されています。BMCそのものの説明は専門の書籍を読んだほうがよいと思いますが、ここで示したかったのは自分で書いた記述から、項目間の関係を抜き出して視覚化することも可能だということです。

第 2 章　課題探求

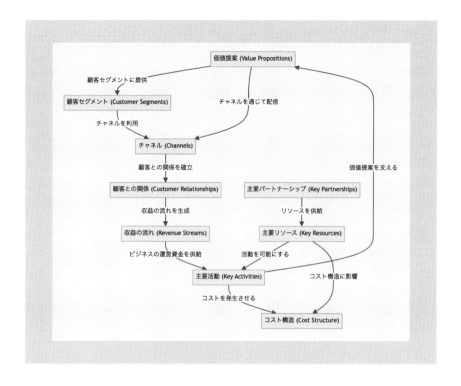

解説：「課題探求」の振り返り

これまでに示してきた大きな流れをまとめてみましょう。現実の問題解決はもっと複雑ですが、大枠は変わりません。

1. 最初のもやっとしたアイデアの状態
2. 質問票を作成してインタビューを実施
3. 質問への答から解決策を提案
4. 提案された解決策を使ってビジネスのモデルを提案

1の部分は、人間がアイデアを出すのが基本ですが（もちろんアイデア出しのサポートに生成AIを活用することも可能です）、2、3、4の各ステップはここで示したように生成AIを使ってその中身を検討できます。ここではビジネスモデルは、BMCという形で示しているだけですが、

47

実際には有効と思われる手法なら何でも構いません。

　この課題探求を終わるに際しては、とりあえず出したビジネスアイデアが実際に役立つかどうかを、関係者同士で検討しておく必要があります。その部分をないがしろにしたまま、システム作りに突入してしまうと、細かいところにばかりこだわった「役に立たない」システムが作られてしまうかもしれません。

　そのためにもこの段階で、「本当にこの解決策は問題を解決してくれるのか？」という視点で繰り返し検討を行い、システム開発全体を通してその問題意識を失わないようにすることが大切です。

第 3 章

仕様策定
（その1）

解説：システム制約を考える

　課題探求が終わった段階では、解決策が出ただけで、まだ実際に動くものを「どのように作るべきか」は決まっていません。

　これを具体的なシステムにするためには、目標をどのように分解して、いわゆるワークフローに落とし込んでいくかが大切です。ワークフローとは誰が、いつ、どこで、何を扱うかによって、どのような結果が残されていくのかを決めたものです。

　解決策は無限に考えられるのですが、いつまでも策を考えているだけでは実際の問題を解決できません。多くの場合、人の動きを考えながら効果的なタイミングでシステムとのやり取りを行い、問題が解決するかを探っていくことになります。

　ここでは、まず全体の流れにおける以下の部分（システム制約）を考えていきます。

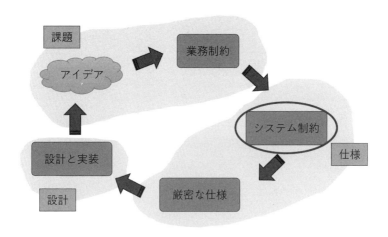

物語：第3回打ち合わせ - 業務フローの検討

　前回はビジネスモデルキャンバス（BMC）を描いて全体像の雰囲気をつかんだ。今回はいよいよ具体的な解決策の検討を始めたい。今日も緋村にはこちらのオフィスに来てもらった。

第3章 仕様策定（その1）

星見：忙しいところありがとう。
緋村：今日もよろしく！
星見：さて前回、BMCをこんな風に描いたよね（41ページの図の再掲）。

緋村：そうそう、これで全体像が見えた感じがしたんだよね。
星見：といってもまだまだ詰めなければならないところはあるんだよね。キーワードが出ているとそれだけで何か決まった気になるけれど。たとえばポイントをどのように貯めていくのか、ポイントの単位はどうするのか、貯めたポイントは具体的にどう使えるか、などはこれだけでは決まっていないよね。
緋村：確かに、VP（価値提供）の中に「ポイント制によるリピート特典」と書いてあるし、「買い物ごとにポイントが貯まり、これを将来的な割引や特典交換に利用可能」とも書いてあるけれど、登録や還元のタイミングや単位などはよくわからないよね。
星見：これまで各店がやっていたポイントカードみたいなものはどんな感じだっけ？

51

緋村：お店ごとに違うけど、来店1回ごとにスタンプを押していって、10個とか20個貯まったら飲み物1杯サービスとか、お勘定500円引きとか、そんな感じが多かったかな。

星見：ともあれ、この図に書かれたVPを行うための仕掛けを作りたいんだよね。そのためにはどこから手を付けるかと言えば……。

緋村：顧客がまだいない世界なら、まずは顧客を呼び込む街作りそのものだろうけれど（笑）、とりあえず街に出入りしているお客さんはいるから、KA（主要活動）を見て始めればいいのかな？

星見：そうだね。BMCの各要素の関係を示すと、たとえばこんな関係になってるんだ（47ページの図の再掲）。

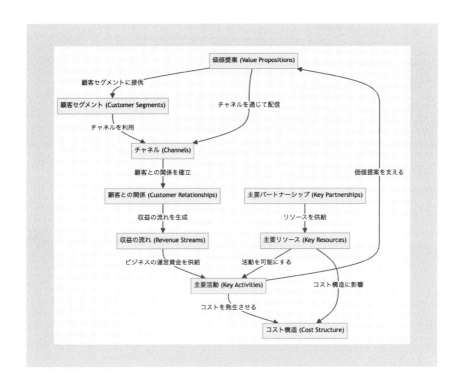

星見：最終的に提供したいVPを見ると、そこに入ってくる矢印として「価値提案を支える」でつながっているKAがあるよね。なのでまずは主

要活動の中を検討するのはよい手順だよ。
緋村：えっと、現在KAに書かれているのは……
主要活動（Key Activities）
・アプリとシステムの開発と維持。
・データ管理と分析。
・顧客とのエンゲージメント活動。
・プロモーションとマーケティングキャンペーンの運営。
だね。データ管理と分析はシステムが動いてからの話だし、エンゲージメント活動やキャンペーン活動はシステムの稼働に関係なく行える別の話だし、やっぱりまずは（ポイント）アプリとシステム開発の検討からかな。
星見：まあそうだね、ここで具体的にどんなポイントシステムで解決したいのかを検討するとよいかな。他の要素は並行して検討していけばいいと思うよ。その際にまず考えたいのが、システムを組み込んだワークフローなんだ。仕事の場面場面を想像しながら、誰が、いつ、どこで、何をして、その結果として何が実現されるかを決めていくんだね。
緋村：ワークフローって何だか難しい響きだね。
星見：まあ、業務フローでも仕事の手順でもいいんだけど、一つひとつ独立していてまとまった仕事になるものを「シナリオ」として切り出していくんだ。そうすることで、誰がどこでどんなことをしなければならないかとか、シナリオがどんな結果を残さなければならないかがはっきりしていくんだ。それを最後にまとめることで「どんなシステムを作ればいいのか」という仕様が明確になるんだよ。
緋村：うーん、僕がその話に入ることはできるのかな。
星見：もちろん！まあ後半の細かいシステムの中身の話に入ってもらう必要はないけれど、前半の「シナリオ」で構成されるワークフローの話には入ってもらわないと困るんだ。こっちが勝手に想像して「こんなもんだろう」と用意したものを見せても、大抵うまくいかないんだよ。
緋村：ああ、そうかも。以前に商店街のホームページを作ったときも、最初に打ち合わせたデザインそのものはよかったんだけど、動きがどう

にも思った通りにならなかったみたいだね。商店街側の思惑もバラバラで意見統一されていなかったんだけどね。僕は店に関わり始めたばかりで詳しくは知らないんだけど、後から親父に聞いたらあのときは苦労したみたい。

星見：まあ実際に使う人の立場や状況を考えながら検討していくことにしよう。それを踏まえて、事前に資料を送ったけど、資料だけじゃよくわからなかったよね。

緋村：ああ、何となくわかる気はしたけど詳細には読む時間は取れなかったな。ごめん。

星見：いやいや、説明はやはり必要だからね。まずは叩き台としてこんなシナリオを考えたいと思ったんだ。これは現在各店舗がやっているスタンプカードに似た運用を取り込んだものなんだ。とりあえず必要なのは、

1. 会員登録
2. ポイント登録
3.␣ポイント利用

あたりかなというのは想像できるよね。あと店舗にQRコードがあってそれを読み取る形にするなら、店舗ごとのQRコードも印刷する必要があるし、店舗そのものを登録する必要もあるよね。

1. QRコード印刷
2. 店舗登録

　こうして星見は、それぞれのシナリオに対応した図を示した。

業務シナリオ：会員登録 v1

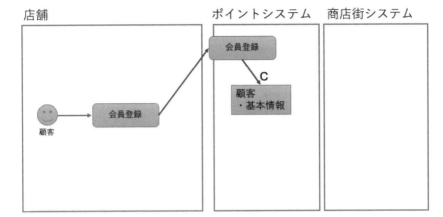

業務シナリオ：ポイント登録 v1

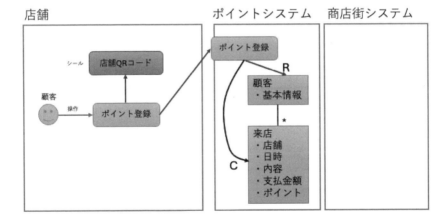

来店1回を1ポイントとして数える
店舗ごとにポイントを貯める

業務シナリオ：ポイント利用 v1

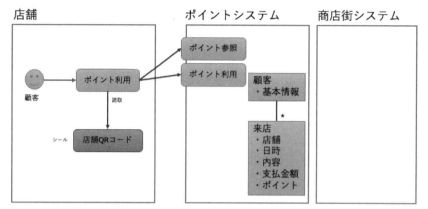

貯まったポイントを店頭で利用できる
どのようなサービスをするかは店舗次第
　（たとえば10点貯まると500円分サービスとか）

業務シナリオ：店舗QRコード印刷 v1

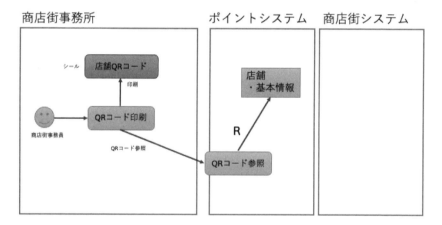

業務シナリオ：店舗登録 v1

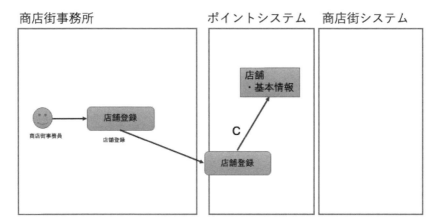

星見：じゃあ、これらの図を説明するね。まずは「会員登録」シナリオだ。

緋村：一番わかりやすそうな図だね。

業務シナリオ：会員登録 v1

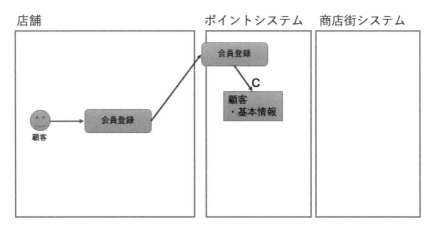

星見：この図に□の枠が3つあって、それぞれ「店舗」「ポイントシステム」「商店街システム」という名前が書かれている。これらは「場所」

なんだけど、店舗は実際の物理的な場所だし、ポイントシステムと商店街システムはコンピュータの中にある場所でもあるんだ。実際の場所には人間や物理的な存在が置かれるんだけど、この「店舗」には「顧客」と「会員登録」があるよね。「顧客」は文字通りお客さんだけど、「会員登録」はその場で使われるインターフェイスを表しているんだ。

緋村：インターフェイス？アプリじゃないの？

星見：まあ使っている人はアプリを操作しているんだけど、ここで欲しいのはどんな目的のインターフェイスを使っているか、なんだ。アプリの画面の1つと言ってもいいけどね。

緋村：「会員登録」という独立したアプリがあるんじゃなくて、アプリの画面の1つに「会員登録」がある感じ？

星見：そうだね。「顧客」が立ち上げて使うアプリには、その中に「会員登録」「ポイント登録」「ポイント利用」というインターフェイスがあると考えてもらってもいいんだよ。

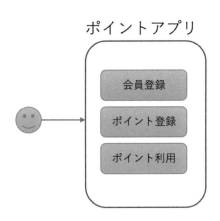

星見：ただ現時点では、最終的にアプリをどのようにまとめるか、そもそもアプリが1種類で済むのか、などがわからない。ここではとりあえず各シナリオにおいて、どんな画面で、どんな情報を出し入れするかがわかればいいので、「インターフェイス」としているんだ。実際スマートフォンのアプリじゃなくて、パソコン上のウェブから操作する場合も

あるかもしれないしね。その場合はウェブページ上にその「インターフェイス」が載せられることになるんだ。

緋村：なるほど、もっといろいろなサービスが出てきたら、必ずしも1つのサービスではなくてもいいかもしれないしね。

星見：とはいえ一旦運用を始めたらアプリの分離統合はよっぽどの理由がない限りやらないほうがいいけどね。ともあれ最初の段階ではアプリそのものというよりも、特定のシナリオでどのようなインターフェイスが欲しいかを個別に検討したいんだ。

緋村：なるほど。

星見：話を「会員登録」シナリオに戻すけど、左の□の中は「顧客」が「会員登録」インターフェイスを使っていることを表しているんだ。そしてその右の「ポイントシステム」だけど、ここがシステムの中心になる場所だね。物理的に1つの場所である必要はないんだけど、「ポイントシステム」の全体状況はここを見ればわかるようになっているんだ。

緋村：「会員登録」が少し出っ張っていて、□からはみ出しているね。

星見：そう、この出っ張っている部分が、ポイントシステムが外部に提供しているサービスなんだ。ビジネス（業務）ロジックとも呼ばれるけれど、業務に関わる特定の仕事を依頼できる窓口のようなものだよ。

緋村：じゃあいろんな「窓口」が用意されているということ？

星見：その通り。他の図を見てもわかるけど、インターフェイスからビジネスロジックに対して依頼を行って、結果を受け取ったりしているんだね。

緋村：じゃあ「会員登録」インターフェイスから「会員登録」ビジネスロジックが呼び出されて会員登録が行われるんだね。「顧客」と書いてあるのは？

星見：会員登録ロジックが呼び出されたら、「顧客」データが生まれるという意味なんだ。中身は最終的にはコンピュータの中のデータベースに保存されるけど、その中身を緋村がここでは知る必要はないよ。単にどんな情報を保存しておきたいかさえはっきりすればいいんだ。ただ、基本情報の中身を決める必要があるね。あまり個人情報を集めると最近

は問題だから、とりあえずアプリの固有ID（携帯電話番号から計算したユニークID）とニックネームぐらいがいいかもね。

緋村：「会員登録」インターフェイスから「会員登録」ロジックに渡すのは、「固有ID」と「ニックネーム」ということだね。確かに大手企業なら本名とか性別とか年齢とかDM（ダイレクトメール）用の住所なんかも集めるんだろうけれど、とりあえずはいいかな。

星見：まあ、少なくとも「どの店でポイントを貯めているか」という情報は集められるから、お店からのお知らせは将来出しやすいかもしれないしね。右端の「商店街システム」の□には何も書いていないけれど、ポイントとは関係のないキャンペーン情報や、イベント情報などはここで管理されて取り出されるかもしれない。このシナリオでは使われていないけれどね。

緋村：結局この図が表しているのは

- 「会員登録」シナリオという名前
- 「顧客」が「会員登録」インターフェイスを使って会員登録をする
- 「会員登録」ロジックには「アプリID（携帯電話から計算したユニークID）」と「ニックネーム」を渡す
- 「ポイントシステム」の中には「顧客」データが生まれて、その中身として「アプリID」と「ニックネーム」が保存される

ということかな。

星見：そうそう、その通りだよ。あと、同じアプリIDが指定されたときは登録しないという条件もいるかな。

緋村：ところで「会員登録」インターフェイスを呼び出す場所は必ずしも「店舗」である必要はないんじゃないかな。だってアプリ自身はスマホに入っている可能性が高いんだろ？だとしたら、どこでも会員登録はできるよね。

星見：ああ、よいところに気がついたね。実はそうなんだ。「ポイント登録」や「ポイント還元」はその場にいないと意味がないけれど、会員

登録そのものはどこにいてもいいんだ。会員登録専用端末を使うとか、会員カードを店舗で発行して渡すといったシナリオなら、店舗にいる必要があるけれど、この会員登録の場合はどこにいてもいいよね。じゃあそれも含めて、最初の図を書き直そう。

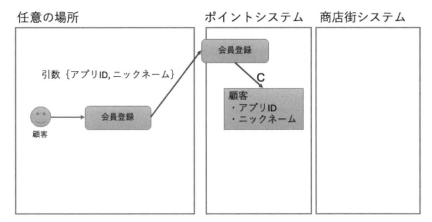

1. 「顧客」が「会員登録」インターフェイスを使って会員登録をする
2. 「会員登録」ロジックには「アプリID（携帯電話から計算したユニークID）」と「ニックネーム」を渡す
3. 重複した「アプリID」は許されない
4. 「ポイントシステム」の中には「顧客」データが生まれて、その属性として「アプリID」と「ニックネーム」が保存される」

備考：「会員登録」インターフェイスは「銀杏ポイントアプリ」の1画面という前提

星見：会員登録だけで結構かかったね。肝心なポイント登録とポイント利用にいく前に、「店舗登録」と「店舗QRコード印刷」を説明しておこう。簡単だからね。まずは店舗登録だ。

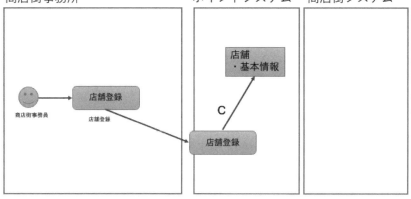

星見：これは商店街事務所のパソコンを使って事務員が登録を行うということなんだ。

緋村：わかるよ。誰かが店舗情報を登録するってことだよね。商店街の会員番号とか、連絡先の番号とか。商店街会員の名簿の中身を登録する感じだね。

星見：実際にはお店は入れ替わっていくから、商店街会員名簿に新しい店舗が加わったらこの店舗登録を行ってポイントシステムに反映する必要もあるけどね。その意味で、KAの「アプリとシステムの開発と維持」にはアプリやシステムそのものとは関係ないアナログなシナリオも含まれているんだ。最後はそうしたシナリオも含める必要があるね。

緋村：なるほど。

星見：そして「店舗QRコード印刷」だ。これはポイント登録時に使われるQRコードを印刷するシナリオだね。印刷する前には店舗登録が済んでいる必要があるから、そちらを先に説明したんだけどね。実際にどんな手段でこの「印刷」を行うかは決まっていないけれど、おそらくプリンターで作成してラミネートし、各店舗に配るのが簡単かな。そういえば商店街にプリントショップがあるようだから、そこにデータ入稿して印刷してもらう手もあるかもしれないね。いずれにせよ店舗情報を入

れたQRコードのイメージをここでは生成して、いざというときに素早く印刷できるようしておきたいね。

緋村：うっかりQRコードを汚してしまって読めなくなる場合もありそうだからね。最悪店主のスマホに写真として入れておけばいいし。

星見：お店からポイントシステムにアクセスしたらQRコードが表示されるようにしてもいいけど、とりあえず余分なサーバー機能のことは考えず、ここでは物理的なQRコードが店舗にあるものとして考えているんだけどね。

緋村：わかった。とりあえず物理的なQRコードが店舗にある前提で。バックアップはあとで考えるよ。

星見：それじゃあ「ポイント登録」と「ポイント利用」の話に移ろうか。ここでの前提条件を話しておくと、さっきも言ったけど現在銀杏商店街のいろいろな店舗が独自に行っている「スタンプカード」を模したものを起点にしてるんだ。細かい条件は違うけど、基本的に来店ごとにスタンプ1個が捺印されて、ある決まった数スタンプが貯まったらそのお店の品物が1つ提供されたり、金券として（たとえば500円分）使えたりする形態だったんだ。これが一番導入に抵抗がないと思ったからだね。

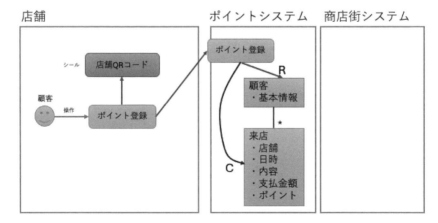

業務シナリオ：ポイント登録 v1

来店1回を1ポイントとして数える
店舗ごとにポイントを貯める

星見：「店舗QRコード」は先のシナリオで印刷された物理的なQRコードだけど、「ポイント登録」インターフェイスを顧客が呼び出して、店舗QRコードを読んでポイント登録を行う形だね。ここには制約が書いていないけれど、同じ店舗で同じ日にポイント登録をできるのは1回だけといった制約が必要かもしれない。いずれにせよ、ここには店舗ごとに来店1回ごとに1ポイントを与えるシナリオが書かれているんだ。そして「ポイント利用」の叩き台はこうなっている。

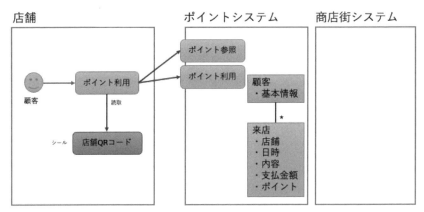

業務シナリオ：ポイント利用 v1

貯まったポイントを店頭で利用できる
どのようなサービスをするかは店舗次第
（たとえば10点貯まると500円分サービスとか）

緋村：なるほど……。確かに現行のスタンプカードを置き換えるとするとこんな感じになるのかな。

星見：この場合、ポイントは店舗単位に独立していて、利用内容も店舗に任されているという想定だね。「ポイント利用」を行う際に「店舗QRコード」を読んで、その店舗に対して貯まっているポイント、旧来の言い方ならスタンプの数を表示して、それがその店舗の基準を満たしていたら「利用」ボタンを押してサービスを受けるって流れかな。

緋村：ポイントシステムからは「ポイント参照」と「ポイント利用」と

いうビジネスロジックが提供されているけれど、「ポイント参照」でその店舗のポイントを見て、「ポイント利用」でその店舗のポイントを使うということかな。

星見：そうだね、店舗ごとの利用ルールが違うかもしれないからどこまで入れるかだけど、内容そのものは店舗が勝手に決めていいので、10点刻みにするとか20点刻みにするとかを決めてあげればよいかな。あと10点、20点、30点累積のような途中経過も覚えておくとかね。

緋村：なるほどねえ。この案を採用すると各店舗の導入の心理的抵抗は一番少なくなりそうだね。でも……、何だか中途半端かもしれないね。

星見：そう、まあ僕から言うのもなんだけど、既存のやり方に近くて抵抗が少なそうだから採用するというのは、少し後ろ向きだよね。そもそも各店のスタンプではなく、ポイントという中立なものを採用したのに従来とあまり大きな違いが生まれていないし、みんなでポイントを盛り立てるというよりも、「それぞれの店舗でスタンプカードを作る手間が減りました」程度の意味しかないかもしれないよね。

緋村：それに店舗ごとのQRコードを印刷して配るというのも地味に面倒くさいかもしれないし、お客さん側のやることも多そうだね。何か、ほかにアイデアはあるのかな？

星見：実はここまでに説明したものとはまた別に、共通ポイント方式の叩き台も用意してきたんだよ。

　こうして僕は別案（v2）のスライドを緋村に見せた。これは共通ポイント方式の業務シナリオだ。共通ポイントは加盟店すべてを横断してポイントを貯めたり利用できるようにするもので、各店舗と商店街との間でポイント精算のための現金の受け渡しの仕掛けが必要となる。

　これは弱小商店街のルーチンワークに組み込むのは少々面倒で、本当ならそうしたサービスを丸ごと提供してくれるパートナーがいたほうが実現しやすい。ただし、さらに余計な費用が発生するのでそうした点も要検討だ。

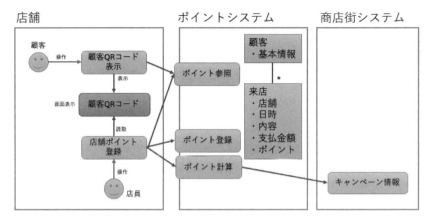

顧客が自分のQRコードを表示
店舗はそのQRコードを読み取って
売上100円を1ポイントとして登録(キャンペーンによって変動)
ポイントは商店街内で共通とする

星見:この方式は最初の案と違い、お客さんが提示したQRコードをお店側が読み取って、お客さんが支払った金額に応じて登録されるポイント数が変わるんだ。QRコードはアプリIDを使って内部生成できるという前提だね。

緋村:お客さんのスマホからは直接ポイント登録させないということだね。

星見:こうすると、お客さん側のアプリは顧客QRコードを表示して現在のポイント残高を表示する程度で済むしね。ポイントを利用するときも同じインターフェイスで済む。

業務シナリオ：ポイント利用 v2

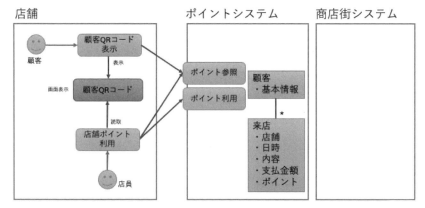

お店側が顧客QRコードを読み取って、ポイント残高の範囲で利用ポイント数を入力
1ポイントを1円として使用できる

解説：業務を駆動するシステムの断片 - TiD

前節では星見が緋村に対して図を示しながらシナリオを説明していました。シナリオを並べて議論する利点は、誰がいつどこで何を行ってその結果どのようになるかのイメージをつかみやすいところです。

打ち合わせでは星見は図の名前そのものを説明していませんでしたが、これはTiDという手法の図です（TiDはTrace Index Diagram の略称です）。TiDは本書のために発明した手法です（141ページのコラム参照）。

ここでTiDで使う理由は、開発をする人が自分のやり方に合わせて開発手法を自作する際のサンプルにして欲しいと思っているからです（もちろん本書の目的に沿う生成AIによる支援も考えます）。

TiDは企業が提供するサービスの1シーンを切り取ったものです。その名の通り元々はダイアグラム（Diagram）の記法ですが、テキスト形式でも表現されます。実は星見が見せていた図は、緋村に説明しやすくするために星見が描いた概要図です。実際には詳細なテキスト記述を横に置きながらホワイトボードやスライドソフトの上に素早く描いて議

論するためのものです。

　以下で説明するように、詳細な定義はテキスト形式で行います。このほうが厳密な扱いははるかに簡単ですし、生成AIを使った支援もやりやすくなります。

　このTiDは基本的にユースケースを拡張したものだと考えてもらっても構いません。以下でTiDを説明しましょう。

　まず、TiDの構成要素を見てみましょう。

- **シナリオ名**：シナリオの名前（必要に応じて簡潔な説明が添えられる）
- **事前条件**：シナリオを実行するために必要とされる条件
- **事後条件**：シナリオが無事終了したときに満たされているべき条件
- **開始条件**：シナリオが開始される条件（たとえば、他のシナリオが終了した、特定の日時になった、特定のイベントが起きた、など）
- **アクター**：サービスに関わる動作主体。人間や他のシステムなどで表現される。サービスの結果を受け取る役割もある。後述のようにアクターは特定のプレースの中に現れる。
- **インターフェイス**：アクターが使うサービスの界面。人間が使う画面や他システムが使うAPIなどがその例。後述のようにインターフェイスは特定のプレースの中に現れる。
- **プレース**：アクターとインターフェイスが置かれた場所。たとえば「受付窓口」などがプレースの例。プレースではアクターとアクターが対話したり、アクターがインターフェイスを使ったりする。IDカードなどやQRコード、商品などの物理的要素が登場することもある。こうした物理的要素はインターフェイスから情報の読み書きが可能な場合もある。アクターも物理的要素に対して様々な操作ができる。
- **システム**：インターフェイスや他システムが使うビジネスロジックが置かれた場所。ビジネスロジックが操作するデータモデルもシステムに置かれている。
- **ビジネスロジック**：インターフェイスや他システムが使う業務論理。システムに置かれている。名前と一緒に引数、事前条件、事後条件、戻り値な

どが指定される。ロジックを実現するために必要なデータモデルを操作する。データモデルは基本的にERモデルとして定義される。このビジネスロジックは最終的なAPIと対応する。
- **データモデル**：ビジネスロジックを実現するために定義されるデータ構造。必要に応じて不変条件が指定される。
- **他システム**：開発対象のシステムと連動する外部のシステム
- **シナリオ本体**：開始点から始まり、一定の仕事が完結するまでのプロセス。

　1つのTiDには開始点があります。開始点は特定のアクターの動作、もしくはその他の条件の成立（特定の日になるなど）によって決定します。開始点から動作が始まり、関連するアクター、アクターが使うインターフェイス、インターフェイスが使うビジネスロジックなどが連動し、必要なデータ操作が行われたところで一回の動作は終わります。
　こうしたそれぞれのTiDは、業務シナリオに相当するものと考えることができます。
　同じアクター、インターフェイス、ビジネスロジック、データモデル、プレース、他システムが複数のTiDの中に繰り返し現れる可能性があります。
　複数のシナリオに対してそれぞれTiDを記述し、最後に全TiDを横断的に見ることで、システムを構成するアクター、インターフェイス、ビジネスロジック、データモデル、プレース、他システムの一覧を見ることができます。

解説：BMCとTiDの叩き台を作成する

　第3回の打ち合わせでは、BMCを記述した結果からKAに着目してTiDの図を描き、それを元に議論をしていました。
　いきなりTiDを生成させるステップに進むこともできますが、普通はまず記述したBMCのレビューなどを一緒に行うとよいでしょう。本書の前節ではBMCのレビューの話は出ていませんでしたが、次に進む前に以下のように生成AIに尋ねてみます。

#役割
あなたはビジネスモデルキャンバス（BMC）の専門家です

#タスク
以下のようなBMCを策定しました。
内容を読んで理解してください。

#BMC
新たに商店街で共通ポイント制度を導入する場合のビジネスモデルキャンバスを以下の通り構成しました。ポイント制によるリピート特典と顧客の利便性を最前面に出し、デジタル技術を活用して運営コストを最小化します。

1. 顧客セグメント（Customer Segments）
・商店街に訪れる人々全般
・地元の住民（高齢者、働く世代、学生）
・駅を利用する通勤者や通学者
・地域外からの訪問者

2. 価値提案（Value Propositions）
・ポイント制によるリピート特典
・買い物ごとにポイントが貯まり、これを将来的な割引や特典交換に使用可能。
・ポイントを使って商店街内の特定のイベントやサービスを利用できる。
・デジタルポイントカードを通じた簡単で速いポイントの蓄積と使用。

3. チャネル（Channels）
・デジタルチャネル
・スマートフォンアプリ（iOS/Android対応）を通じたポイント管理と情報提供。
・商店街の公式ウェブサイトおよびSNSを通じた情報発信とプロモーション。

4. 顧客関係（Customer Relationships）
・パーソナライズされたコミュニケーション
・アプリを通じた個別のプロモーション通知。
・定期的なフィードバックと顧客満足度調査。

5. 収益の流れ（Revenue Streams）
・ポイントを介した交換での追加収益。

・特定の製品やサービスの購入時にポイント使用を促進。
・店舗間の収益分配モデルに基づく手数料収入。

6. 主要リソース（Key Resources）
・デジタルインフラストラクチャ
・スマートフォンアプリ開発と維持。
・サーバーとデータベースの運営。
・人的リソース
・アプリ開発者、データアナリスト、カスタマーサポート。

7. 主要活動（Key Activities）
・アプリとシステムの開発と維持。
・データ管理と分析。
・顧客とのエンゲージメント活動。
・プロモーションとマーケティングキャンペーンの運営。

8. 主要パートナーシップ（Key Partnerships）
・技術提供者
・アプリ開発会社、クラウドサービス提供者。
・商店街内の各店舗
・協力的なリレーションシップを築き、システム導入を支援。

9. コスト構造（Cost Structure）
・初期開発費用と継続的なシステム維持費。
・マーケティングと顧客支援のための運営費。
・技術パートナーへの支払い。

　この入力を生成AIに与えると、たとえば次に示すような回答が得られます。

　評価は特に依頼していませんでしたが、必要最小限の評価を行ってくれています。生成AIは「褒め上手」ですが、それでいい気分になっているだけではいけません。こうした回答で特に価値があるのは「問題点」の指摘の方です。

> 商店街での共通ポイント制度導入に向けたBMCの内容を拝見しました。顧客の利便性とリピート率向上に重点を置き、デジタル技術を活用してコスト効率のよい運営を目指すという方向性が明確に示されていると思います。
>
> 特に評価したい点は以下の通りです：
> - 顧客セグメントを地元住民や通勤者・訪問者まで幅広く設定し、それぞれのニーズに合わせたアプローチを取ろうとしている点。
> - デジタルポイントカードによる利便性向上と、ポイントを介した特典・イベントでの付加価値提供により、顧客のリピート率向上を狙っている点。
> - スマートフォンアプリや公式ウェブサイト、SNSを通じた情報発信とプロモーションで、デジタルチャネルを有効活用しようとしている点。
> - パーソナライズされたコミュニケーションと定期的な顧客満足度調査により、顧客エンゲージメントを高める工夫が見られる点。
> - 技術パートナーとの連携によりコスト効率のよいシステム開発・運営を目指す一方、各店舗との協力関係構築にも注力する姿勢が感じられる点。
>
> 一方で、以下の点について更なる検討が必要かもしれません：
> - ポイント制度の運営における収益モデルについて、より具体的な予測と計画が必要。
> - 初期開発費用と運営費用の見積もりを精査し、投資対効果を慎重に見極める必要がある。
> - 各店舗の参画意欲を高め、円滑な連携を実現するための仕組み作りが重要。
> - 高齢者など、デジタルツールに不慣れな顧客層へのサポート体制の充実化。
>
> 総じて、このBMCは商店街の活性化に向けた有望なビジネスモデルの青写真になっていると評価できます。さらなるブラッシュアップを重ね、実現に向けた具体的なアクションプランを策定していくことが期待されます。

　たとえば機能をひたすら絞り込み始めると、ここで指摘されている「高齢者など、デジタルツールに不慣れな顧客層へのサポート体制の充実化。」などはついつい忘れがちになります。

　これは、サポート体制はもちろん、個別のアプリ設計そのものにも影響を及ぼす可能性があります。

　もちろん、ここで示した例は、見ればわかるように、とても簡単なプロンプトから生成されたものに過ぎません。ここに対して、これまでの

開発経験から得られた様々な知見や、BMCの各セグメントにより細かい注記事項を追加することによって、生成AI側の分析能力は上がります。また「特にこうした点について注意深くレビューして欲しい」といった追加のタスクを与えることによって、さらに役立つ回答が得られる可能性が高まります。

では試しにTiDの作成を手伝ってもらいましょう。星見もBMCの分析をしたあとTiDの素案の作成は生成AIに手伝ってもらったようです。

TiDは無名の手法ですから、ネットには何の情報もなく、生成AIはそのままでは手伝うことはできません。しかしTiDがどのようなものであるかを教えることで（つまりTiDのWhatを教えてやることで）、欲しい回答の生成を手伝ってくれるようになるのです。

上に書いたTiDの説明文をコピペして、生成AIに与えてみます。

```
#役割
あなたはBMCとユースケースの専門家です
#タスク
とりあえず上に与えたBMCに基づいてシステム化の検討を行います。
#前提条件
システム化の検討に際してTiD（Trace Index Diagram）という手法を使おうと思います。TiDは独自に定義した手法で、ユースケースに相当する業務シナリオを記述する手法ですが、以下のような特徴を持ちます。
#TiDの定義
基本的にユースケースを拡張したものだと考えてもらっても構いません。以下にTiDの説明を行います。
TiDは企業が提供するサービスの1シーンを切り取ったものです。その名の通り元々はダイアグラム（Diagram）の記法ですが、テキスト形式でも表現されます。
TiDの構成要素は以下のようなものです。

シナリオ名：シナリオの名前（必要に応じて簡潔な説明が添えられる）
事前条件：シナリオを実行するために必要とされる条件
事後条件：シナリオが無事終了したときに満たされているべき条件
開始条件：シナリオが開始される条件（ex.他のシナリオが終了した、特定の日時になった、特定のイベントが起きたetc.）
```

アクター：サービスに関わる動作主体。人間や他のシステムなどで表現される。サービスの結果を受け取る役割もある。後述のようにアクターは特定のプレースの中に現れる。
インターフェイス：アクターが使うサービスの界面。人間が使う画面や他システムが使うAPIなどがその例。後述のようにインターフェイスは特定のプレースの中に現れる。
プレース：アクターとインターフェイスが置かれた場所。たとえば「受付窓口」などがプレースの例。プレースではアクターとアクターが対話したり、アクターがインターフェイスを使ったりする。IDカードなどやQRコード、商品などの物理的要素が登場することもある。こうした物理的要素はインターフェイスから情報の読み書きが可能な場合もある。アクターも物理的要素に対して様々な操作ができる。
システム：インターフェイスや他システムが使うビジネスロジックが置かれた場所。ビジネスロジックが操作するデータモデルもシステムに置かれている。
ビジネスロジック：インターフェイスや他システムが使う業務論理。システムに置かれている。名前と一緒に引数、事前条件、事後条件、戻り値などが指定される。ロジックを実現するために必要なデータモデルを操作する。データモデルは基本的にERモデルとして定義される。このビジネスロジックは最終的なAPIと対応する。
データモデル：ビジネスロジックを実現するために定義されるデータ構造。必要に応じて不変条件が指定される。
他システム：開発対象のシステムと連動する外部のシステム
シナリオ本体：開始点から始まり、一定の仕事が完結するまでのプロセス。

一枚のTiDには開始点があります。開始点は特定のアクターの動作、もしくはその他の条件の成立（特定の日になるなど）によって決定します。開始点から動作が始まり、関連するアクター、アクターが使うインターフェイス、インターフェイスが使うビジネスロジックなどが連動し、必要なデータ操作が行われたところで一回の動作は終わります。
こうしたそれぞれのTiDは、業務シナリオに相当するものと考えることができます。同じアクター、インターフェイス、ビジネスロジック、データモデル、プレース、他システムが複数のTiDの中に繰り返し現れる可能性があります。

複数のシナリオに対してそれぞれTiDを記述し、最後に全TiDを横断的に見ることで、システムを構成するアクター、インターフェイス、ビジネスロジック、データモデル、プレース、他システムの一覧を見ることができます。

このようなプロンプトを与えると、生成AIからは以下のような回答が返ってきました。

> TiD（Trace Index Diagram）の説明をありがとうございます。非常に興味深い手法ですね。ユースケースを拡張し、より詳細にシステムの要素や振る舞いを定義できる点が特徴的だと感じました。
>
> TiDを使って先ほどのBMCに基づくシステム化の検討を進めるのはよいアプローチだと思います。具体的には以下のようなステップで進めていくのがよいのではないでしょうか。
>
> 1. BMCで定義された各要素（顧客セグメント、価値提案、チャネルなど）に対応する主要なシナリオを洗い出す。
> 2. 各シナリオについて、事前条件、事後条件、開始条件を明確にする。
> 3. シナリオに登場するアクター、インターフェイス、プレース、他システムなどを特定する。
> 4. シナリオを実現するために必要なビジネスロジックとデータモデルを定義する。
> 5. シナリオ本体を記述し、アクター、インターフェイス、ビジネスロジックなどがどのように連動するかを明示する。
> 6. 全シナリオに対してTiDを作成したら、横断的に要素を整理し、全体像を俯瞰する。
> 7. TiDの内容を元に、システムアーキテクチャ、API設計、データベース設計などを進める。
>
> TiDを活用することで、BMCレベルの概念的なモデルから、より具体的なシステムの姿を描き出せるはずです。システムの全体像を共有しながら、関係者とコミュニケーションを取りつつ検討を進められる点も大きなメリットだと考えます。
>
> TiDについてもし追加で説明が必要な部分などあれば、ぜひお聞かせください。一緒にシステム化の検討を進めていければと思います。

面白いことに定義されたBMCを使ってTiDを定義する方法に関しても提案してくれました。もし生成AIを使わずにBMCからTiDを手作業で作成するガイドラインを作っているなら、さらにプロンプトを丁寧に書いて、より詳細な下書きを生成し、それにより細かく注意点なども書

き加えてガイドブックとして仕上げるというやり方も考えられます。ここでは、本書の趣旨として、こうして定義された文脈に沿って生成AI自身にTiDによるシナリオ案の作成まで依頼することにします。

以下のようなプロンプトを生成AIに投入します。ここでは「店舗登録」と、打ち合わせではボツ案になった「店舗QRコード印刷」のTiDの作成を手伝ってもらいましょう。

> #役割
> あなたはBMCとTiDの専門家です
> #前提条件
> 既に定義したポイントシステムのBMCの情報を背景に、TiDを検討します。
> #タスク
> 具体的には以下のシナリオを検討しようと思います。
> 先の説明に従って、それぞれのTiD記述を提案してください。
> #シナリオ
> ##店舗登録
> 商店街の事務所で、事務員が店舗情報を登録する。「店舗登録」というインターフェイスを使って「店舗登録」ビジネスロジックから店舗を登録します。インターフェイス側から与える店舗データの属性は「商店街登録ID、店舗名、連絡先、登録日」とします。
> ##店舗QRコード印刷
> 商店街の事務所で、事務員が店舗用のQRコードを印刷する。QRコード印刷というインターフェイスを使って「QRコード参照」ビジネスロジックからQRコードを参照します。「QRコード参照」ビジネスロジックには「商店街登録ID」が渡され、戻り値のQRコードは2次元のビットデータとして得られるものとします。

回答で得られたTiD（テキスト表現）は以下のようなものになりました。相変わらず「褒め上手」です（笑）。

> 素晴らしいシナリオ設定ですね。それでは、提示いただいたシナリオに基づいてTiDを記述していきましょう。
>
> 店舗登録
> -------

シナリオ名: 店舗登録
事前条件:
- 商店街に新しい店舗が加入している。
- 事務員が店舗情報を把握している。
事後条件:
- 新しい店舗情報がシステムに登録されている。
開始条件: 事務員が店舗登録インターフェイスにアクセスする。

アクター: 事務員
インターフェイス: 店舗登録
プレース: 商店街事務所
システム: ポイントシステム
ビジネスロジック: 店舗登録
- 引数: 商店街登録ID、店舗名、連絡先、登録日
- 事前条件: 引数がすべて有効な値である。
- 事後条件: 新しい店舗情報がデータベースに保存される。
データモデル: 店舗
- 属性: 商店街登録ID、店舗名、連絡先、登録日
- 不変条件: 商店街登録IDが一意である。
シナリオ本体:
1. 事務員が店舗登録インターフェイスを開く。
2. 事務員が新しい店舗情報（商店街登録ID、店舗名、連絡先、登録日）を入力する。
3. 事務員が登録ボタンを押す。
4. 店舗登録ビジネスロジックが入力情報を受け取り、データベースに新しい店舗情報を保存する。
5. 登録完了のメッセージが表示される。

店舗QRコード印刷

シナリオ名: 店舗QRコード印刷
事前条件:
- 店舗情報がシステムに登録されている。
- 事務員がQRコード印刷インターフェイスにアクセスできる。
事後条件:
- 指定された店舗のQRコードが印刷される。
開始条件: 事務員がQRコード印刷インターフェイスにアクセスする。

アクター: 事務員
インターフェイス: QRコード印刷
プレース: 商店街事務所
システム: ポイントシステム
ビジネスロジック: QRコード参照
- 引数: 商店街登録ID
- 事前条件: 引数の商店街登録IDが有効である。
- 事後条件: 指定された店舗のQRコードデータが返される。
- 戻り値: QRコードの2次元ビットデータ
データモデル: (直接の操作なし)
シナリオ本体:
1. 事務員がQRコード印刷インターフェイスを開く。
2. 事務員が店舗の商店街登録IDを入力する。
3. 事務員が印刷ボタンを押す。
4. QRコード参照ビジネスロジックが商店街登録IDを受け取り、該当店舗のQRコードデータを返す。
5. 返されたQRコードデータがインターフェイス上に表示され、印刷される。

以上が、提示いただいたシナリオに基づくTiDの記述例です。シナリオの流れやシステムの構成要素が明確に表現されていると思います。
ご確認いただき、不明点やご意見などありましたらお知らせください。

ここで生成AIにシナリオ部分を図式化してもらうことにします。以下のようなプロンプトを入力しました。

> では上の「TiDの店舗登録」と「店舗QRコード印刷」の「シナリオ部分」における各要素の関係をmermaid記法で図にしてください。ただし図式化はアクター、インターフェイス、ビジネスロジック、データモデルを使ったシーケンス図になるようにしてください。

この結果として得られたMermaid記法は次のようになります(実はActorのままだとなぜかエラーになってしまったので、図の上だけですがLactorという名前にしています)。

```
sequenceDiagram
  participant Lactor as 事務員
  participant StoreRegistrationInterface as 店舗登録インターフェイス
  participant StoreRegistrationLogic as 店舗登録ビジネスロジック
  participant StoreDataModel as 店舗データモデル
  participant QRCodePrintingInterface as QRコード印刷インターフェイス
  participant QRCodeReferenceLogic as QRコード参照ビジネスロジック

  Lactor ->> StoreRegistrationInterface: 店舗登録インターフェイスを開く
  activate StoreRegistrationInterface
  Lactor ->> StoreRegistrationInterface: 新しい店舗情報を入力
  StoreRegistrationInterface ->> StoreRegistrationLogic: 入力情報を受け取る
  activate StoreRegistrationLogic
  StoreRegistrationLogic ->> StoreDataModel: 新しい店舗情報を保存
  activate StoreDataModel
  StoreDataModel -->> StoreRegistrationLogic: 保存完了
  deactivate StoreDataModel
  StoreRegistrationLogic -->> StoreRegistrationInterface: 登録完了
  deactivate StoreRegistrationLogic
  StoreRegistrationInterface -->> Lactor: 登録完了メッセージを表示
  deactivate StoreRegistrationInterface

  Lactor ->> QRCodePrintingInterface: QRコード印刷インターフェイスを開く
  activate QRCodePrintingInterface
  Lactor ->> QRCodePrintingInterface: 商店街登録IDを入力
  QRCodePrintingInterface ->> QRCodeReferenceLogic: 商店街登録IDを受け取る
  activate QRCodeReferenceLogic
  QRCodeReferenceLogic -->> QRCodePrintingInterface: QRコードデータを返す
  deactivate QRCodeReferenceLogic
  QRCodePrintingInterface -->> Lactor: QRコードを表示・印刷
  deactivate QRCodePrintingInterface
```

これを図示したのが以下です。

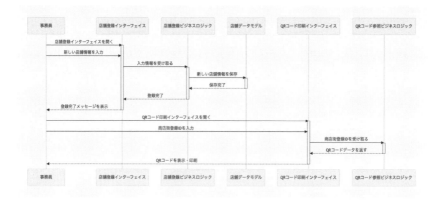

この図はUMLのシーケンス図としてみると奇妙ですが、シナリオの言葉による表現を図式化したものとして読み替えることは可能です。

打ち合わせのときに星見が出したTiDの図は、こうした回答をさらにわかりやすく簡潔に書き換えたものでした。現段階では手作業ですが、専用のツールを用意してあげれば、TiDの記述から星見が打ち合わせで使ったTiDの図を生成することは難しくないでしょう。

さて、実際は打ち合わせの中で共通ポイントシステムの話が出て、店舗ごとのQRコード印刷はしない話が出されました。

ここで以下のようなプロンプトを入力して新しいTiDの生成を支援してもらいましょう。

```
#役割
あなたはBMCとTiDの専門家です
#前提条件
既に定義したポイントシステムのBMCの情報を背景に、TiDを検討します。
#タスク
具体的には以下のシナリオを検討しようと思います。
先の説明に従って、それぞれのTiD記述を提案してください。
#シナリオ
```

店舗登録
商店街の事務所で、事務員が店舗情報を登録する。「店舗登録」というインターフェイスを使って「店舗登録」ビジネスロジックから店舗を登録します。インターフェイス側から与える店舗データの属性は「商店街登録ID、店舗名、連絡先、登録日」とします。

会員登録
顧客が「銀杏商店街アプリ」上で「会員登録」インターフェイスを呼び出して、会員登録を行います。会員登録に際しては携帯電話番号から計算する独自の「アプリID」と顧客が入力する「ニックネーム」の2つだけが「会員登録」ビジネスロジックを通してポイントシステムに登録されます。この結果「会員」データモデルが生成されます。「会員」の属性は「アプリID」「ニックネーム」になります。またアプリIDはシステム内でユニークなものになります。

ポイント登録
店舗で顧客がお金を払う際に、顧客は「銀杏商店街アプリ上」に「顧客QRコード」インターフェイスを呼び出します。QRコードは会員登録時に決めた「アプリID」から生成されて表示されます。

店舗側は「銀杏商店街店舗アプリ」上で「店舗ポイント登録」インターフェイスを呼び出して、顧客が提示したQRコードを読取ります。顧客が支払う金額に応じて「ポイント計算」が呼ばれて、「会員」データに「来店情報」データが加えられます。「来店情報」は属性として「商店街登録ID」「日時」「支払金額」「ポイント」「メモ」を持ち、「会員」情報に紐付いています。

ポイント利用
顧客は、お金を払う際にポイント登録ではなく、「ポイント利用」を申し出ることができます。このとき顧客は「銀杏商店街アプリ上」に「顧客QRコード」インターフェイスを呼び出します。

店舗側は「銀杏商店街店舗アプリ」上で「店舗ポイント利用」インターフェイスを呼び出して、顧客が提示したQRコードを読取ります。顧客が利用したいポイントを入力して「利用」ボタンを押すと、「ポイント利用」ビジネスロジックが呼ばれて、「会員」データに新たに「来店情報」データが加えられます。この「来店情報」の「ポイント」属性には支払いポイントを負の数として格納します。

注記
上記、シナリオの解釈に曖昧な点がある場合には、質問してください。

これに対して生成AIから返ってきた応答は次のようなものでした。これをTiDの叩き台として使います。

ありがとうございます。それでは、提示いただいたシナリオごとにTiDの記述を提案していきます。

店舗登録のTiD
シナリオ名： 店舗登録
事前条件：
- 商店街の事務所に事務員がいる
- 事務員が店舗登録システムにアクセスできる
事後条件：
- 新しい店舗情報がシステムに登録される
開始条件：
- 事務員が店舗登録インターフェイスを開く
アクター：
- 事務員
インターフェイス：
- 店舗登録インターフェイス（属性：商店街登録ID、店舗名、連絡先、登録日）
プレース：
- 商店街の事務所
システム：
- ポイントシステム
ビジネスロジック：
- 店舗登録（引数：商店街登録ID、店舗名、連絡先、登録日）
データモデル：
- 店舗（属性：商店街登録ID、店舗名、連絡先、登録日）
シナリオ本体：
1. 事務員が店舗登録インターフェイスを開く
2. 事務員が店舗情報（商店街登録ID、店舗名、連絡先、登録日）を入力する
3. 事務員が登録ボタンを押す
4. 店舗登録ビジネスロジックが呼び出され、店舗データモデルが生成される
5. 新しい店舗情報がポイントシステムに登録される

会員登録のTiD
シナリオ名： 会員登録
事前条件：
- 顧客が銀杏商店街アプリをインストールしている
- 顧客が銀杏商店街アプリを開いている

事後条件：
- 新しい会員情報がシステムに登録される
開始条件：
- 顧客が会員登録インターフェイスを開く
アクター：
- 顧客
インターフェイス：
- 会員登録インターフェイス（属性：アプリID、ニックネーム）
プレース：
- 銀杏商店街アプリ
システム：
- ポイントシステム
ビジネスロジック：
- 会員登録（引数：アプリID、ニックネーム）
データモデル：
- 会員（属性：アプリID、ニックネーム）
シナリオ本体：
1. 顧客が会員登録インターフェイスを開く
2. 顧客が携帯電話番号を入力する
3. システムがアプリIDを生成する
4. 顧客がニックネームを入力する
5. 顧客が登録ボタンを押す
6. 会員登録ビジネスロジックが呼び出され、会員データモデルが生成される
7. 新しい会員情報がポイントシステムに登録される

ポイント登録のTiD
シナリオ名： ポイント登録
事前条件：
- 顧客が会員登録済みである
- 顧客が銀杏商店街アプリを開いている
- 店舗が銀杏商店街店舗アプリを開いている
事後条件：
- 顧客の来店情報がシステムに登録される
- 顧客のポイントが加算される
開始条件：
- 顧客が支払いを行う

アクター：
- 顧客
- 店舗

インターフェイス：
- 顧客QRコードインターフェイス
- 店舗ポイント登録インターフェイス

プレース：
- 銀杏商店街アプリ
- 銀杏商店街店舗アプリ

システム：
- ポイントシステム

ビジネスロジック：
- ポイント計算（引数：支払金額）

データモデル：
- 来店情報（属性：商店街登録ID、日時、支払金額、ポイント、メモ）

シナリオ本体：
1. 顧客が銀杏商店街アプリ上で顧客QRコードインターフェイスを呼び出す
2. 店舗が銀杏商店街店舗アプリ上で店舗ポイント登録インターフェイスを呼び出す
3. 店舗が顧客のQRコードを読み取る
4. 店舗が支払金額を入力する
5. ポイント計算ビジネスロジックが呼び出され、獲得ポイントが計算される
6. 新しい来店情報データモデルが生成され、顧客の会員情報に紐付けられる
7. 顧客のポイントが加算される

ポイント利用のTiD

シナリオ名： ポイント利用

事前条件：
- 顧客が会員登録済みである
- 顧客が十分なポイントを保有している
- 顧客が銀杏商店街アプリを開いている
- 店舗が銀杏商店街店舗アプリを開いている

事後条件：
- 顧客の来店情報がシステムに登録される
- 顧客のポイントが減算される

開始条件：

- 顧客がポイント利用を申し出る
アクター：
- 顧客
- 店舗

インターフェイス：
- 顧客QRコードインターフェイス
- 店舗ポイント利用インターフェイス

プレース：
- 銀杏商店街アプリ
- 銀杏商店街店舗アプリ

システム：
- ポイントシステム

ビジネスロジック：
- ポイント利用（引数：利用ポイント）

データモデル：
- 来店情報（属性：商店街登録ID、日時、支払金額、ポイント、メモ）

シナリオ本体：
1. 顧客が銀杏商店街アプリ上で顧客QRコードインターフェイスを呼び出す
2. 店舗が銀杏商店街店舗アプリ上で店舗ポイント利用インターフェイスを呼び出す
3. 店舗が顧客のQRコードを読み取る
4. 店舗が利用ポイントを入力する
5. 店舗が利用ボタンを押す
6. ポイント利用ビジネスロジックが呼び出され、顧客のポイントが減算される
7. 新しい来店情報データモデルが生成され、顧客の会員情報に紐付けられる（ポイントは負の値で記録）

以上が、提示いただいたシナリオに対するTiDの記述案です。ご確認いただき、ご質問やご指摘があればおっしゃってください。

TiDの検討と修正（1）

　こうやって作られたTiDは、もちろんそのままでは使えない可能性が大きいのでレビューしていきます。たとえば82ページ末からの「会員登録のTiD」を見てみましょう。

　その内容を読むと「会員登録」TiDでは、アプリIDが全体で重複し

ないようにしたいという希望がはっきりと反映されていないようですし、顧客が携帯電話番号を入力するのも不要であるべきです。

そこで「会員登録」TiDに対して以下のようなプロンプトを出しました。

> #タスク
> ・携帯電話番号は携帯電話本体から取得されるので顧客からの入力は不要です。
> ・アプリIDの生成は取得された携帯電話番号から、銀杏商店街アプリ上で「アプリID生成」関数を呼び出して行います。基本的に携帯電話番号から一意な値を計算できるようななっている前提です。このアプリIDを会員登録ビジネスロジックに渡した際に重複チェックが行われ、重複する場合はエラーとしてデータ登録は行われません。

これに対する生成AIの回答は以下です。

> ご指摘いただいた点を踏まえて、再度会員登録のTiDを修正します。
>
> ##会員登録のTiD（修正版）
> **シナリオ名：** 会員登録
> **事前条件：**
> - 顧客が銀杏商店街アプリをインストールしている
> - 顧客が銀杏商店街アプリを開いている
> - 銀杏商店街アプリが顧客の携帯電話番号を取得できる
> **事後条件：**
> - 新しい会員情報がシステムに登録される
> - アプリIDが重複していないこと
> **開始条件：**
> - 顧客が会員登録インターフェイスを開く
> **アクター：**
> - 顧客
> **インターフェイス：**
> - 会員登録インターフェイス（属性：アプリID、ニックネーム）
> **プレース：**
> - 銀杏商店街アプリ

> **システム：**
> - ポイントシステム
> **ビジネスロジック：**
> - 会員登録（引数：アプリID、ニックネーム）
> - アプリID生成（引数：携帯電話番号）
> **データモデル：**
> - 会員（属性：アプリID、ニックネーム）
> **シナリオ本体：**
> 1. 顧客が会員登録インターフェースを開く
> 2. 銀杏商店街アプリが顧客の携帯電話番号を自動的に取得する
> 3. 銀杏商店街アプリ上でアプリID生成関数が呼び出され、携帯電話番号からアプリIDを生成する
> 4. 顧客がニックネームを入力する
> 5. 顧客が登録ボタンを押す
> 6. 会員登録ビジネスロジックが呼び出され、生成されたアプリIDとニックネームを引数として受け取る
> 7. 会員登録ビジネスロジックがアプリIDの重複チェックを行う
>   - 重複が発生した場合、エラーを返し、データ登録は行われない
> 8. 重複がない場合、新しい会員データモデルが生成される
> 9. 新しい会員情報がポイントシステムに登録される
>
> 修正点は以下の通りです：
> - 顧客による携帯電話番号の入力を削除し、銀杏商店街アプリが自動的に携帯電話番号を取得するように変更しました
> - アプリID生成を銀杏商店街アプリ上の関数呼び出しに変更し、アプリIDの重複チェックは会員登録ビジネスロジックで行うようにしました
> - 重複が発生した場合はエラーを返し、データ登録は行わないようにしました
>
> これで、携帯電話番号からアプリIDを生成し、重複チェックを行う流れが明確になったかと思います。ほかに修正点や追加すべき点があればおっしゃってください。

　これをマークダウン形式で回答して詳細をレビューしていきます。前にもやったようにシーケンス図としてシナリオ部分を書き起こすことも可能です。これも生成AIに依頼してみましょう。

「会員登録」TiDからMarmaid記法でシーケンス図を作成するように依頼した結果、以下が生成されました。

```
sequenceDiagram
  participant 顧客
  participant 銀杏商店街アプリ
  participant 会員登録インターフェイス
  participant アプリID生成
  participant 会員登録
  participant 会員

  顧客 ->> 銀杏商店街アプリ: 1. 会員登録インターフェイスを開く
  銀杏商店街アプリ ->> 銀杏商店街アプリ: 2. 携帯電話番号を自動取得する
  銀杏商店街アプリ ->> アプリID生成: 3. アプリID生成関数を呼び出す
  アプリID生成 -->> 銀杏商店街アプリ: 3.1. アプリIDを返す
  銀杏商店街アプリ ->> 会員登録インターフェイス: 3.2. アプリIDを表示する
  顧客 ->> 会員登録インターフェイス: 4. ニックネームを入力する
  顧客 ->> 会員登録インターフェイス: 5. 登録ボタンを押す

  会員登録インターフェイス ->> 会員登録: 6. 会員登録ビジネスロジックを呼び出す
  会員登録 ->> 会員登録: 7. アプリIDの重複チェックを行う
  alt アプリIDが重複していない場合
    会員登録 ->> 会員: 8. 新しい会員データモデルを生成する
    会員登録 -->> 会員登録インターフェイス: 9. 会員情報を返す
    会員登録インターフェイス -->> 顧客: 9.1. 登録完了を通知する
  else アプリIDが重複している場合
    会員登録 -->> 会員登録インターフェイス: 7.1. エラーを返す
    会員登録インターフェイス -->> 顧客: 7.2. エラーメッセージを表示する
  end
```

これを図示してもらったのが以下です。

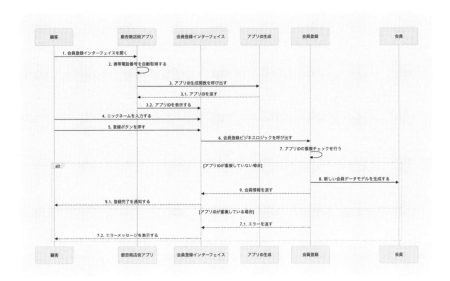

TiDの検討と修正（2）

　「ポイント登録」TiDを読むと、会員情報と来店情報の関係が少し曖昧です。考えてみると「店舗」がアクターとして扱われているのは変かもしれません。これはプロンプトの与え方が曖昧だったことに由来します。ここでは店舗側のアクターである「店員」をはっきりと指定したほうがよいでしょう。

　また会員情報と来店情報を紐付けるなら、来店情報の属性に既にアプリID（すなわち会員のID）を入れてしまってもよいでしょう。この話は「ポイント利用」TiDでも同じなので、来店情報の属性にアプリIDを追加するように依頼します。

　そうした修正はもちろん生成AIに依頼してもできますが、直接TiDを修正してしまっても構いません。むしろ途中で適宜人間が修正作業することで確認もできるのでよりよいかもしれません。こうした修正を行った「ポイント登録」TiDのシナリオ部分をMermaidで書き出してみましょう。

ポイント登録（顧客側）

```
sequenceDiagram
  participant 顧客
  participant 銀杏商店街アプリ
  participant 顧客QRコードインターフェイス

  顧客 ->> 銀杏商店街アプリ: 1. 支払いを行う
  銀杏商店街アプリ ->> 顧客QRコードインターフェイス: 1.1. 顧客QRコードインターフェイスを呼び出す
  顧客QRコードインターフェイス -->> 顧客: 1.2. QRコードを表示する
```

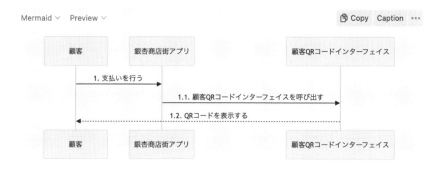

ポイント登録（店舗側）

```
sequenceDiagram
  participant 店員
  participant 銀杏商店街店舗アプリ
  participant 店舗ポイント登録インターフェイス
  participant ポイント計算
  participant ポイント登録
  participant 来店情報

  店員->>銀杏商店街店舗アプリ: 1. 店舗ポイント登録インターフェイスを呼び出す
  銀杏商店街店舗アプリ->>店舗ポイント登録インターフェイス: 登録画面を表示
```

```
店員->>店舗ポイント登録インターフェイス:2.顧客のQRコードを読み取る
店員->>店舗ポイント登録インターフェイス:3.支払金額を入力する
店舗ポイント登録インターフェイス->>ポイント計算:4.ポイント計算を呼び出す
ポイント計算-->>店舗ポイント登録インターフェイス:獲得ポイントを返す
店舗ポイント登録インターフェイス->>ポイント登録:5.ポイント登録を呼び出す
ポイント登録->>来店情報:新しい来店情報を登録
ポイント登録-->>店舗ポイント登録インターフェイス:登録完了を通知
店舗ポイント登録インターフェイス-->>銀杏商店街店舗アプリ:登録完了を表示
```

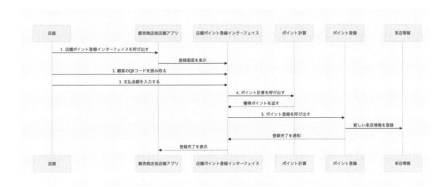

「ポイント計算」はキャンペーンなどによって変動する可能性があるので、単純に「何円なら何ポイント」といった固定値にはしないようにしています。

ここで「アプリID」という名称より、やはり「顧客ID」のほうがわかりやすいのでは、という意見も出たりしたので、それも含めてTiDを修正しました。

修正した結果、以下のTiD案が得られました。

```
#TiD

##店舗登録のTiD
**シナリオ名：** 店舗登録
**事前条件：**
- 商店街の事務所に事務員がいる
```

- 事務員が店舗登録システムにアクセスできる
事後条件：
- 新しい店舗情報がシステムに登録される
開始条件：
- 事務員が店舗登録インターフェイスを開く
アクター：
- 事務員
インターフェイス：
- 店舗登録インターフェイス（属性：商店街登録ID、店舗名、連絡先、登録日）
プレース：
- 商店街の事務所
システム：
- ポイントシステム
ビジネスロジック：
- 店舗登録（引数：商店街登録ID、店舗名、連絡先、登録日）
データモデル：
- 店舗（属性：商店街登録ID、店舗名、連絡先、登録日）
シナリオ本体：
1. 事務員が店舗登録インターフェイスを開く
2. 事務員が店舗情報（商店街登録ID、店舗名、連絡先、登録日）を入力する
3. 事務員が登録ボタンを押す
4. 店舗登録ビジネスロジックが呼び出され、店舗データモデルが生成される
5. 新しい店舗情報がポイントシステムに登録される

会員登録のTiD
シナリオ名： 会員登録
事前条件：
- 顧客が銀杏商店街アプリをインストールしている
- 顧客が銀杏商店街アプリを開いている
- 銀杏商店街アプリが顧客の携帯電話番号を取得できる
事後条件：
- 新しい会員情報がシステムに登録される
- 顧客IDが重複していないこと
開始条件：
- 顧客が会員登録インターフェイスを開く
アクター：

- 顧客
  インターフェイス：
  - 会員登録インターフェイス（属性：顧客ID、ニックネーム）
  プレース：
  - 銀杏商店街アプリ
  システム：
  - ポイントシステム
  ビジネスロジック：
  - 会員登録（引数：顧客ID、ニックネーム）
  - 顧客ID生成（引数：携帯電話番号）
  データモデル：
  - 会員（属性：顧客ID、ニックネーム）
  シナリオ本体：
  1. 顧客が会員登録インターフェイスを開く
  2. 銀杏商店街アプリが顧客の携帯電話番号を自動的に取得する
  3. 銀杏商店街アプリ上で顧客ID生成関数が呼び出され、携帯電話番号から顧客IDを生成する
  4. 顧客がニックネームを入力する
  5. 顧客が登録ボタンを押す
  6. 会員登録ビジネスロジックが呼び出され、生成された顧客IDとニックネームを引数として受け取る
  7. 会員登録ビジネスロジックが顧客IDの重複チェックを行う
       - 重複が発生した場合、エラーを返し、データ登録は行われない
  8. 重複がない場合、新しい会員データモデルが生成される
  9. 新しい会員データがポイントシステムに登録される

ポイント登録のTiD
シナリオ名： ポイント登録
事前条件：
- 顧客が会員登録済みである
- 顧客が銀杏商店街アプリを開いている
- 店員が銀杏商店街店舗アプリを開いている
事後条件：
- 顧客の来店情報がシステムに登録される
- 顧客のポイントが加算される
開始条件：

- 顧客が支払いを行う

アクター：
- 顧客
- 店員

インターフェイス：
- 顧客QRコードインターフェイス
- 店舗ポイント登録インターフェイス

プレース：
- 銀杏商店街アプリ
- 銀杏商店街店舗アプリ

システム：
- ポイントシステム

ビジネスロジック：
- ポイント計算（引数：支払金額）
- ポイント登録（引数：顧客ID、商店街登録ID、日時、支払金額、ポイント、メモ）

データモデル：
- 来店情報（属性：来店ID、顧客ID、商店街登録ID、日時、支払金額、ポイント、メモ）

シナリオ本体：
1. 顧客が銀杏商店街アプリ上で顧客QRコードインターフェイスを呼び出す
2. 店員が銀杏商店街店舗アプリ上で店舗ポイント登録インターフェイスを呼び出す
3. 店員が顧客のQRコードを読み取る
4. 店員が支払金額を入力する
5. ポイント計算ビジネスロジックが呼び出され、獲得ポイントが計算される
6. ポイント登録ビジネスロジックが呼び出され、新しい来店情報データモデルが登録される
7. 顧客のポイントが加算される

ポイント利用のTiD
シナリオ名： ポイント利用
事前条件：
- 顧客が会員登録済みである
- 顧客が十分なポイントを保有している
- 顧客が銀杏商店街アプリを開いている
- 店舗が銀杏商店街店舗アプリを開いている

事後条件：
- 顧客の来店情報がシステムに登録される
- 顧客のポイントが減算される
開始条件：
- 顧客がポイント利用を申し出る
アクター：
- 顧客
- 店員
インターフェイス：
- 顧客QRコードインターフェイス
- 店舗ポイント利用インターフェイス
プレース：
- 銀杏商店街アプリ
- 銀杏商店街店舗アプリ
システム：
- ポイントシステム
ビジネスロジック：
- ポイント利用（引数：顧客ID、商店街登録ID、日時、支払金額、ポイント、メモ）
データモデル：
- 来店情報（属性：来店ID、顧客ID、商店街登録ID、日時、支払金額、ポイント、メモ）
シナリオ本体：
1. 顧客が銀杏商店街アプリ上で顧客QRコードインターフェイスを呼び出す
2. 店員が銀杏商店街店舗アプリ上で店舗ポイント利用インターフェイスを呼び出す
3. 店員が顧客のQRコードを読み取る
4. 店員が利用ポイントを入力する
5. 店員が利用ボタンを押す
6. ポイント利用ビジネスロジックが呼び出され、顧客のポイントが減算される
7. 新しい来店情報データモデルが生成され、顧客の会員情報に紐付けられる（ポイントは負の値で記録される）

　人間ももちろん何度かレビューしていますが、並行して生成AIにも上のTiDのレビューを依頼します。プロンプトとしては以下を入力しました。

#タスク
以上の各TiDを読んでレビューを行ってください。

　得られた結果が以下です。ここでは「XXの観点でレビューせよ」といった細かい指示を与えていないので、比較的一般的なレビューが返されています。実用上は様々なレビューノウハウを追加していくことが望ましいでしょう。

これらのTiDは、ポイントシステムの主要な業務シナリオを適切に表現できていると思います。各シナリオの事前条件、事後条件、アクター、インターフェイス、ビジネスロジック、データモデルなどが明確に定義されており、システムの全体像を把握しやすくなっています。
以下、各TiDに対するレビューを述べます。

#店舗登録のTiD
商店街事務所での店舗登録業務を的確に表現できている
必要な情報（商店街登録ID、店舗名、連絡先、登録日）が適切に定義されている
事前条件、事後条件、アクター、インターフェイス、ビジネスロジック、データモデルが明確

#会員登録のTiD
顧客が銀杏商店街アプリを通じて会員登録する業務を的確に表現できている
顧客IDの生成と重複チェックが考慮されている
事前条件、事後条件、アクター、インターフェイス、ビジネスロジック、データモデルが明確

#ポイント登録のTiD
店舗でのポイント登録業務を的確に表現できている
顧客QRコードと店舗アプリを使った情報のやり取りが考慮されている
事前条件、事後条件、アクター、インターフェイス、ビジネスロジック、データモデルが明確

#ポイント利用のTiD
店舗でのポイント利用業務を的確に表現できている
ポイント利用時のデータ記録（負の値）が考慮されている

> 事前条件、事後条件、アクター、インターフェイス、ビジネスロジック、データモデルが明確
>
> これらのTiDは、BMCで定義されたビジネスモデルを適切にシステム化するための基礎となっています。アクター、インターフェイス、ビジネスロジック、データモデルなどの構成要素が明確に定義されており、実際のシステム開発に移行しやすい形式になっていると言えます。
> 今後は、これらのTiDを基にして、より詳細な要件定義やシステム設計を進めていくことができるでしょう。また、TiDで定義された構成要素を組み合わせることで、システム全体のアーキテクチャを検討することも可能になります。
> 総合的に見て、提示されたTiDは、ポイントシステムの主要な業務シナリオを適切に表現できており、システム化に向けたよい基礎となっていると評価できます。

まあ、この程度のレビュー内容では現実のプロジェクトではあまり意味がありません。本格的なレビューを目指す場合は先にも書いたように「XXの観点でレビューしてください」といったように、条件を指定したほうがよいでしょう。もちろんそうした「XXの観点」の叩き台も生成AIに相談することができます。与えたTiDに名前の間違い不整合などがあれば生成AIが指摘してきます（もちろん完璧ではありませんけれど）。

ここでさらに生成AIに依頼して、TiDの中に出てくるビジネスロジックとデータモデルに関してまとめてもらいましょう。

次のようなプロンプトを入力します。

> #タスク
> TiDの中に登場する各ビジネスロジックを抽出して
>
> 名前（引数）：戻り値
> 事前条件
> 事後条件
>
> の形にして示してください
>
> またTiDの中に登場するデータモデルを整理して示してください。

以下のような回答が得られました。

ビジネスロジックの整理:

1. 店舗登録（商店街登録ID、店舗名、連絡先、登録日）：なし
   事前条件：商店街登録IDが重複していないこと
   事後条件：新しい店舗情報がシステムに登録されること

2. 会員登録（顧客ID、ニックネーム）：なし
   事前条件：顧客IDが重複していないこと
   事後条件：新しい会員情報がシステムに登録されること

3. 顧客ID生成（携帯電話番号）：顧客ID
   事前条件：携帯電話番号が有効であること
   事後条件：重複のない顧客IDが生成されること

4. ポイント計算（支払金額）：ポイント
   事前条件：支払金額が正の値であること
   事後条件：支払金額に応じたポイントが計算されること

5. ポイント登録（顧客ID、商店街登録ID、日時、支払金額、ポイント、メモ）：なし
   事前条件：顧客IDと商店街登録IDが存在すること
   事後条件：新しい来店情報がシステムに登録され、顧客のポイントが加算されること

6. ポイント利用（顧客ID、商店街登録ID、日時、支払金額、ポイント、メモ）：なし
   事前条件：顧客IDと商店街登録IDが存在し、顧客が十分なポイントを保有していること
   事後条件：新しい来店情報がシステムに登録され、顧客のポイントが減算されること

データモデルの整理:

1. 店舗
   属性：商店街登録ID、店舗名、連絡先、登録日

2. 会員
   属性：顧客ID、ニックネーム

3. 来店情報
   属性：来店ID、顧客ID、商店街登録ID、日時、支払金額、ポイント、メモ

上記のように、TiDで登場したビジネスロジックとデータモデルを整理しました。ビジネスロジックについては、各ロジックの引数、戻り値、事前条件、事後条件を明確にしています。データモデルについては、TiDで登場したエンティティとその属性を抽出しています。

これらの整理された情報は、システムの設計や実装を行う際の基礎となります。ビジネスロジックの定義に基づいて、具体的なロジックの実装やAPIの設計を行うことができます。また、データモデルの定義に基づいて、データベースのテーブル設計やORMの設定を行うことができます。

店舗、会員、来店情報は概念モデルを構成するデータです。これらを図式化してみましょう。なお日本語の識別子ではMermaidのER図がうまく描けなかったので、英語識別子にして後半で説明を回答してもらっています。

以下のようなプロンプトを入力します。

```
#データモデルの整理:

店舗 属性：商店街登録ID、店舗名、連絡先、登録日
会員 属性：顧客ID、ニックネーム
来店情報 属性：来店ID、顧客ID、商店街登録ID、日時、支払金額、ポイント、メモ

来店情報の主キーは来店IDです。

# タスク
このデータモデルの ER図 を Mermaid で描いてください
ただし日本語識別子は英語識別子に置き換えてください
```

以下のような出力が生成AIから得られました。

```
erDiagram
  STORE {
    string store_id PK
    string store_name
    string contact
     date registration_date
  }

  MEMBER {
    string customer_id PK
    string nickname
  }

  VISIT {
                  string visit_id PK
    string customer_id FK
    string store_id FK
    datetime visit_date
    decimal payment_amount
    int points
    string memo
  }

  MEMBER ||--o{ VISIT : visits
  STORE ||--o{ VISIT : receives
```

ER図は次のようになりました。

第 3 章 仕様策定（その 1）

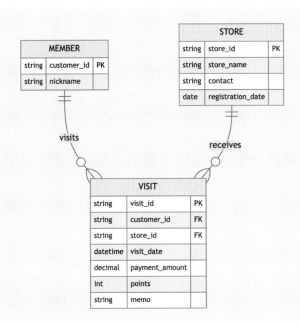

このER図では、以下の3つのエンティティが定義されています。

STORE（店舗）

store_id（商店街登録ID）：主キー
store_name（店舗名）
contact（連絡先）
registration_date（登録日）

MEMBER（会員）

customer_id（顧客ID）：主キー
nickname（ニックネーム）

VISIT（来店情報）

visit_id（来店ID）：主キー
customer_id（顧客ID）：外部キー

> store_id（商店街登録ID）：外部キー
> visit_date（日時）
> payment_amount（支払金額）
> points（ポイント）
> memo（メモ）
>
> エンティティ間の関連は以下のようになっています。
>
> MEMBERとVISITの間には1対多の関連があります。つまり、1人の会員は複数の来店情報を持つことができます。
> STOREとVISITの間には1対多の関連があります。つまり、1つの店舗は複数の来店情報を受け取ることができます。

　こうしてTiDを作成、検討することで、概念データモデル、ビジネスロジック、シナリオなどがおおよそ決まりました（こうした内容をいわゆる「モデリングツール」に流し込んで共有するのもよい考えかもしれません。ツールを単なる「清書」のためではなく、横断的なモデル検証のために利用できるなら有用です）。

　これらの「ビジネスロジック」や「データモデル」を直接お客さんに見せながら細かく打ち合わせをするかと言えば、ほとんどの場合はアクター、プレース、インターフェイス、シナリオ、事前条件、事後条件をお客さんと一緒に確認し、ビジネスロジックとデータモデルはシナリオをお客さんと確認する際に矛盾がないかどうかを突き合わせるための仕掛けとして利用することが多いでしょう。

　次章では、厳密な仕様を仕上げましょう。

第 4 章

仕様策定
（その2）

物語：第4回打ち合わせ - 業務フローとアプリの決定

　第3回の打ち合わせの結果を持ち帰って詳細な検討を重ねて、TiDも一通り検討し、いよいよ業務フローとシステムの仕様を合意することになった。もちろんここで決まるものは、必要に応じて柔軟に変えられていくものだが、それでも全体像に関しては合意を取りたい。それに大切なことが残っている、アプリのデザインや振る舞いに関する決定だ。

星見：今日の打ち合わせで、業務フローを合意したいと思うんだよね。そしてアプリのデザインと振る舞いについても合意したいと思っているんだ。
緋村：じゃあまず業務フローの確認かな。
星見：そうだね。この業務フローの確認は前回検討した図を細かくして、誰がいつどこで何をするかの形に清書したものなんだ。

　ここで星見は、TiDからプレース、データモデル、ビジネスロジック、システムを取り除いた記述を緋村に見せた（「店舗登録」「会員登録」「ポイント登録」「ポイント利用」のシナリオ）。
　同時に図式化（シーケンス図化）したシナリオを添えた。星見はシナリオをそれぞれ示して、誰がどこで何をしていくのかを説明した。
　同時に各シナリオでどのような結果が残されていくのかをシナリオの「事後条件」を示しながら説明した。

星見：という感じで、これで大きな流れと、それぞれのシナリオでは誰が、いつ、どこで、何をして、その結果何が残されるのかを説明したことになるね。
緋村：ありがとう。うーん。まあ大きな流れはわかったけど、具体的な操作イメージがまだちょっと湧かないかな。特に「銀杏商店街アプリ」と「銀杏商店街店舗アプリ」がどんな感じになるんだろう。
星見：はは、そうだよね。既存のアプリがあるのならそもそも、前回の打ち合わせのときに既存アプリを見ながら話してもよかったんだけどね。

第 4 章　仕様策定（その 2）

アプリの画面を先に検討してもいいんだけど、結局アプリの画面の動きとシナリオの動きをどこかですり合わせることになるよね。たとえば顧客が使う「銀杏商店街アプリ」の主要な画面は以下で構成されているんだ。

1. ホーム画面（各機能への遷移ボタン、現在のポイント残高表示、お知らせ）
2. 会員登録画面（新規登録をする、携帯電話番号の確認とニックネームの入力）
3. QRコード画面（会員のQRコードを表示、これを店舗アプリがスキャンすると取引が完了する）

緋村：主要画面ということは、ほかにも何か画面があるのかな。
星見：そうそう、あれば便利な機能ということでいくつか画面案を出してきたんだよ。ホーム画面はこんな感じかな。

　こうして星見はホーム画面のスケッチを示した。

銀杏商店街アプリ画面（案）

105

緋村：シンプルだね。

星見：デザインはこの先いくらでも凝れるからね。これはスケッチなので、この段階ではどんなものが画面上にあればよいかがわかればいいんだ。もちろん、デザイナーさんと連携して最初から「気分の上がる」デザインを並行して作ることもできるけどね。そのほうがブランディングとしても有利かもしれないし。

緋村：わかった。絵心のある美容院の松田さんに、きれいな画面用のイラストをデザインできないか聞いてみるよ。

星見：その辺は自由にやってくれ。さて、アプリを立ち上げたホーム画面から、他の画面へ移動するんだけど、とりあえずこんな動きを考えてみたんだ（なお次の2枚の図のうち、星見が緋村に見せたのは2枚目だけである。1枚目は2枚目の図を描くために生成AIに作成を依頼したMermaidのソースである）。

```
graph LR
    A［ホーム画面］--> B［会員登録画面］
    A --> C［会員情報画面］
    A --> D［ポイント履歴画面］
    A --> E［店舗一覧画面］
    A --> G［QRコード画面］

    B --> A
    C --> A
    D --> A
    E --> A

    E --> F［店舗詳細画面］
    F --> E

    G --> A
```

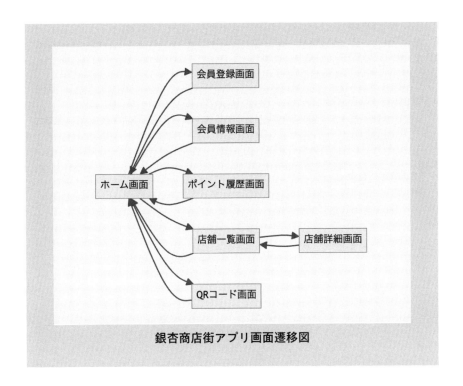

銀杏商店街アプリ画面遷移図

緋村：なるほど、それぞれの機能画面に行ってホーム画面に帰ってくる感じなんだね。

星見：それぞれの画面の説明はこんな感じだ。

```
銀杏商店街アプリ（顧客向け）：

##ホーム画面
特徴：アプリの主要な機能へのアクセスを提供する。現在のポイント残高、およ
　　　びお知らせを表示する。

##会員登録画面
特徴：新規ユーザーが会員登録を行うための画面。ニックネームの入力と携帯電
　　　話番号の確認を行う。
```

会員情報画面
特徴：会員の個人情報を表示し、編集できる画面。ニックネームや連絡先の変更が可能。

ポイント履歴画面
特徴：会員のポイント獲得・利用履歴を時系列で表示する。各取引の詳細（日時、店舗名、ポイント数）を確認できる。

店舗一覧画面
特徴：銀杏商店街に参加している店舗の一覧を表示する。店舗名、業種、位置情報などで検索・絞り込みができる。

店舗詳細画面
特徴：個々の店舗の詳細情報を表示する。店舗の概要、営業時間、特別なお知らせなどを確認できる。

QRコード画面
特徴：ポイントの獲得・利用時に提示するQRコードを表示する。店舗アプリでスキャンすることで、取引が完了する。

星見は改めてアプリの画面を緋村に示しつつ、最初に提示したシナリオとの関係を説明した。「会員情報画面」や「ポイント履歴画面」、「店舗一覧画面」などは情報を見るだけ（参照するだけ）の画面でシステムの内部には基本的には変化を及ぼさない。

そもそも情報を「どのように見たいか」という要求は目まぐるしく変わる可能性がある。そのため、そうした要求に答えて情報を読み出すビジネスロジックを柔軟に用意することが求められる。しかし、機能の中には、「あれば便利だがなくてもシステムの中核動作に大きな影響はない」ものもたくさんあるので、中核のビジネスロジックと補助的なビジネスロジックを区分けしていくことが必要だ。

星見：これと同様に、店舗側のアプリの画面イメージも考えられるね。こんな感じかな

緋村：なるほど、こちらは店舗側で店員さんが使うアプリイメージだね。アプリ名の下にお店の名前……。たとえば廣榮堂さんの名前が表示されるんだね。その下には「ポイント登録」と「ポイント利用」のボタンがあるけど。「ポイント登録」が大きいのは？

星見：圧倒的に「ポイント登録」を押す回数のほうが多いから大きくしてみたんだ。まあ、この辺もデザインの問題だから最後まで使いやすさを検討しよう。

緋村：「店舗情報」は、営業時間とか特別なお知らせとかを編集できる感じかな？

星見：そうだね。実際には店舗情報をゼロから登録するわけじゃなくて、事前に登録してある店舗情報と紐付けることと、店舗情報の中の店舗概要、営業時間、特別なお知らせだけを編集できるようにするつもりだよ。それぞれの画面の説明はこんな感じになるね。

銀杏商店街店舗アプリ（店舗向け）：

#ホーム画面
特徴：アプリの主要な機能へのアクセスを提供する。当日の取引履歴、売上概要、および重要なお知らせを表示する。

#ポイント登録画面
特徴：顧客のポイント獲得を登録するための画面。この画面に遷移すると、まずQRコードスキャナー画面で顧客のQRコードをスキャンし、顧客のニックネームとポイント残高を表示する。支払金額を入力することでポイントが付与される。

#ポイント利用画面
特徴：顧客のポイント利用を処理するための画面。この画面に遷移すると、まずQRコードスキャナー画面で顧客のQRコードをスキャンし、顧客のニックネームとポイント残高を表示する。利用ポイントを入力することでポイントが減算される。

#店舗情報画面
特徴：店舗の基本情報を表示し、編集できる画面。店舗の概要、営業時間、特別なお知らせなどの変更が可能。

#QRコードスキャナー画面
特徴：顧客のQRコードを読み取るための画面。ポイントの登録・利用時に使用する。ポイント登録画面、ポイント利用画面の中から呼び出される。

星見はさらに画面間の動きを示した（星見が緋村に見せたのは2枚目）。

```
graph LR
    A［ホーム画面］--> G［QRコードスキャナー画面］
    G --> C［ポイント利用画面］
    G --> B［ポイント登録画面］
    A --> F［店舗情報画面］

    F --> A
    C --> A
    B --> A
```

第4章 仕様策定(その2)

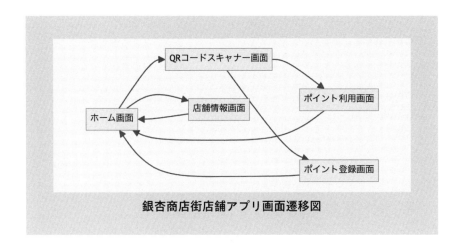

銀杏商店街店舗アプリ画面遷移図

星見：ポイント登録、ポイント利用のボタンを押すとどちらもまずQRコードスキャナー画面に移動して、お客さんのアプリのQRコードを読むんだ。そのあと、登録と利用に分かれて、売上金額を入れたり、利用するポイント数を入れたりする。

緋村：説明してもらって何となくお互いにつながっている感じはする。おそらく一つひとつの要素を対応付けていけば、つながりそのものはわかると思うけど、それを説明されても他の商店街役員の人たちにはわかりにくいと思うんだよね。ほかの人たちに説明するためにも、もっとわかりやすい説明というか、お話はないかな。

星見：具体的な名前が入っていると説明しやすいからね。そういう要望も出るかと思って、以下のような「シナリオ」も用意してきた。ここにはアプリの「インターフェイス」は書いてあるけれど、直前に説明したアプリの細かい画面名は直接書いていない。流れはわかると思うんだ。

顧客「坂田祐子」さんが、店舗「廣榮堂」にやってきて、買い物を行いポイント獲得するまでのシナリオを記述します。

#シナリオ名：坂田祐子さんの廣榮堂でのポイント獲得

##アクター：

坂田祐子（顧客）
廣榮堂の店員

##プレース：
銀杏商店街アプリ
銀杏商店街店舗アプリ
廣榮堂店舗

##インターフェイス：
顧客QRコードインターフェイス
店舗ポイント登録インターフェイス

##システム：
ポイントシステム

##ビジネスロジック：
ポイント計算
ポイント登録

##データモデル：
会員情報（坂田祐子）
店舗情報（廣榮堂）
来店情報

##事前条件：
坂田祐子さんは銀杏商店街アプリで会員登録を完了している。
廣榮堂はポイントシステムに参加している。

##事後条件：
坂田祐子さんの会員情報に、廣榮堂での買い物によるポイントが加算される。
廣榮堂の来店情報に、坂田祐子さんの購入記録が追加される。

##シナリオ本体：
坂田祐子さんが廣榮堂店舗にやってくる。
坂田祐子さんが商品を選び、レジに向かう。
坂田祐子さんが銀杏商店街アプリを開き、顧客QRコードインターフェイスを呼び

出す。
廣榮堂の店員が銀杏商店街店舗アプリを開き、店舗ポイント登録インターフェイスを呼び出す。
店員が坂田祐子さんのQRコードを読み取る。
店員が支払金額を入力する。
ポイント計算ビジネスロジックが呼び出され、獲得ポイントが計算される。
ポイント登録ビジネスロジックが呼び出され、坂田祐子さんの会員情報に獲得ポイントが加算される。
坂田祐子さんの来店情報が新たに作成され、廣榮堂の来店情報に追加される。
坂田祐子さんは獲得ポイントを確認し、廣榮堂店舗を後にする。

このシナリオでは、定義されたアクター、プレース、インターフェイス、システム、ビジネスロジック、データモデルの用語を使用して、顧客の坂田祐子さんが廣榮堂店舗で買い物を行い、ポイントを獲得するまでの一連の流れを表現しています。

緋村：なるほど、でもこれでも難しいという人はいそうだね。もっと簡単になるかい？

星見：説明が厳密になればなるほど、説明されている人にとってはわかりにくくなるからね。もう一段アプリの操作だけに焦点を絞るとわかりやすいかな。

　僕はそう言って次のドキュメントを見せた。

シナリオから、顧客と店員のアプリの操作に焦点を当てた説明は以下のようになります。

#顧客（坂田祐子さん）のアプリ操作：
1. 坂田祐子さんは、廣榮堂店舗でレジに向かう前に、銀杏商店街アプリを開きます。
2. アプリ内で、顧客QRコードインターフェイスを呼び出します。このインターフェイスには、ポイント獲得のために店員がスキャンできるQRコードが表示されています。
3. 店員がQRコードをスキャンした後、坂田祐子さんはアプリ上で獲得したポイ

ントを確認することができます。

#店員のアプリ操作：
1. 廣榮堂の店員は、坂田祐子さんがレジに商品を持ってきた際に、銀杏商店街店舗アプリを開きます。
2. アプリ内で、店舗ポイント登録インターフェイスを呼び出します。このインターフェイスでは、顧客のQRコードをスキャンし、支払金額を入力することができます。
3. 店員は、坂田祐子さんのQRコードをスキャンします。
4. 次に、店員は支払金額を入力します。
5. 入力が完了すると、アプリはポイント計算ビジネスロジックを呼び出し、獲得ポイントを計算します。
6. その後、ポイント登録ビジネスロジックが呼び出され、坂田祐子さんの会員情報に獲得ポイントが加算されます。
7. 同時に、坂田祐子さんの来店情報が新たに作成され、廣榮堂の来店情報に追加されます。

このように、顧客は銀杏商店街アプリを使ってQRコードを表示し、店員はそのQRコードを銀杏商店街店舗アプリでスキャンすることでポイント取引を処理しています。両方のアプリが連携して、ポイントシステムを介して顧客と店舗の間でポイントのやり取りを実現しています。

星見：これ以上簡単にするとなると、四コマ漫画にするとかかな。
緋村：まあ最初に描いてもらった「業務シナリオ：ポイント登録v2」（66ページ参照）の左側とこのドキュメントを見せて説明してみるよ。

　その後、僕たちはアプリの画面の詳細や、アプリ画面の操作に連動する業務シナリオの詳細を確認してとりあえずの合意に達した。
　今回の打ち合わせで確認できたのは、次の項目だ。

1. 主要シナリオ一覧（TiDをベースに用意したもの）とその内容（TiD的な意味での内容）
2. アプリケーションの仕様（各画面の定義、画面遷移、業務シナリオの関係）

3. アプリケーションの仕様から提案された補助的なビジネスロジックとデータモデル

それ以外に他の人への説明用に抜粋型のシナリオ（最後に示したアクターの動作に焦点を当てたシナリオ）も確認して共有した。

このことによって、「いつ、どこで、誰が、何を行うと、どのような結果が残されるのか」が合意できたことになる。あとはその合意に沿って詳細な仕様としてまとめていくわけだ。

もちろん、「いつ、どこで、誰が、何を行うと、どのような結果が残されるのか」は、BMCで定義されたVPという観点から「テスト」される必要がある。

解説：システム制約に合意する

こうして打ち合わせを重ねて、星見と緋村は下図の「システム制約」と呼ばれるステップに達しました。これは「仕様」と呼ばれる手順の前半で、「業務制約」で合意したゴールに基づき「いつ、どこで、誰が、何を行うと、どのような結果が残されるのか」を検討してきました。

「課題」で議論されていたのは「何が問題なのか？」でした。「仕様」ではその問題を「どのよう解決するか」に落とし込もうとしています。

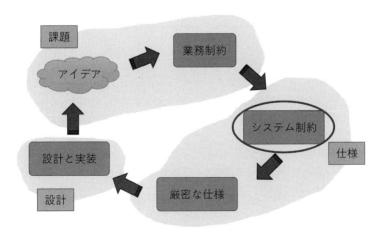

今回も打ち合わせの前に、星見がいろいろと資料を作成していたのですが、生成AIを用いて用意したものが数多くありました。
　今回の打ち合わせで合意できた項目は次の通りです。

1. 主要なTiD
2. アプリケーション仕様（画面仕様、画面遷移、TiDとの関係）
3. アプリケーション仕様を検討した際に必要とされることがわかったインターフェイス、ビジネスロジック、データモデルなど

　打ち合わせで星見が画面とその遷移案の資料を出しましたが、実はこの資料の叩き台も生成AIで用意したものでした。
　叩き台作成に際して星見はこのようなプロンプトを入力しました。なおプロンプト入力に際しては、既にその時点でのBMCとTiDを投入しています。

#タスク銀杏商店街アプリと銀杏商店街店舗アプリを構成するインターフェイス（画面）をそれぞれ整理して、それぞれの特徴を説明してください

　これで以下の回答が生成されます。

銀杏商店街アプリと銀杏商店街店舗アプリを構成するインターフェイス（画面）とその特徴を以下に整理します。

銀杏商店街アプリ（顧客向け）：
1. ホーム画面
    - 特徴：アプリの主要な機能へのアクセスを提供する。現在のポイント残高、直近の取引履歴、およびお知らせを表示する。

2. 会員登録画面
    - 特徴：新規ユーザーが会員登録を行うための画面。ニックネームの入力と携帯電話番号の確認を行う。

3. 会員情報画面
   - 特徴：会員の個人情報を表示し、編集できる画面。ニックネームや連絡先の変更が可能。

4. ポイント履歴画面
   - 特徴：会員のポイント獲得・利用履歴を時系列で表示する。各取引の詳細（日時、店舗名、ポイント数）を確認できる。

5. 店舗一覧画面
   - 特徴：銀杏商店街に参加している店舗の一覧を表示する。店舗名、業種、位置情報などで検索・絞り込みができる。

6. 店舗詳細画面
   - 特徴：個々の店舗の詳細情報を表示する。店舗の概要、営業時間、特典情報などを確認できる。

7. QRコード画面
   - 特徴：ポイントの獲得・利用時に提示するQRコードを表示する。店舗アプリでスキャンすることで、取引が完了する。

銀杏商店街店舗アプリ（店舗向け）：

1. ホーム画面
   - 特徴：アプリの主要な機能へのアクセスを提供する。当日の取引履歴、売上概要、および重要なお知らせを表示する。

2. ポイント登録画面
   - 特徴：顧客のポイント獲得を登録するための画面。顧客のQRコードをスキャンし、支払金額を入力することでポイントが付与される。

3. ポイント利用画面
   - 特徴：顧客のポイント利用を処理するための画面。顧客のQRコードをスキャンし、利用ポイントを入力することでポイントが減算される。

4. 取引履歴画面
   - 特徴：店舗におけるポイントの付与・利用履歴を時系列で表示する。各取引の詳細（日時、顧客ID、ポイント数）を確認できる。

> 5. 顧客情報画面
>   - 特徴：店舗に来店した顧客の情報を表示する。顧客のニックネーム、来店回数、最終来店日などを確認できる。
>
> 6. 店舗情報画面
>   - 特徴：店舗の基本情報を表示し、編集できる画面。店舗名、連絡先、営業時間などの変更が可能。
>
> 7. QRコードスキャナー画面
>   - 特徴：顧客のQRコードを読み取るための画面。ポイントの付与・利用時に使用する。
>
> これらのインターフェイスは、顧客と店舗がそれぞれ必要な機能を利用しやすいよう設計されています。顧客向けアプリは、ポイントの管理や店舗情報の閲覧に重点を置いている一方、店舗向けアプリは、ポイントの付与・利用処理や顧客情報の管理に重点を置いています。

　前回の打ち合わせで出てきた資料は、この最初の資料を叩き台にして画面数を絞り、内容を整理したものです。あまり細かい指定をしていないのにもかかわらず、生成AIは、たとえば「店舗一覧画面」や「店舗詳細画面」が必要なのではないかと提案しています。

　こうしたアプリケーションの機能を実現するには、新しい画面（インターフェイス）、新しいビジネスロジックが必要です。また、それらから使うためのデータモデルの調整も必要です。

　星見が提案していたアプリケーションの画面スケッチは、上の画面一覧から必要な画面を選んで、改めてツールを使って作成したものです。ここで使ったのは「Create.xyz」（https://create.xyz）というツールで、自然言語を使った「仕様」から画面作成を行いアプリケーションも作成できるものです。これ自体面白いツールですが、この手のツールは現時点では変化が早く、あっという間に陳腐化する可能性があるのでCreate.xyzそのものの詳細にはここでは踏み込みません。

　大事なことは、生成AIへの通常のプロンプトの書き方同様に、How

ではなくWhatを書くことで、望む成果物が得られるAIを裏で使うツールが出始めているということです。Create.xyzに関しては、次の章の「設計と実装」でも触れることにします。

107ページと111ページに示した画面遷移の図（銀杏商店街アプリ画面遷移図、銀杏商店街店舗アプリ画面遷移図）は、上の画面一覧から別途生成AIに作成を依頼して作成したものです。このときのプロンプトは、画面一覧を挙げた対象アプリの画面遷移の図を生成するよう依頼しただけです。

> Column
>
> **アプリケーションとMVP**
>
> 　便利機能はないものの、システムの中核機能はきちんと実装されている段階の製品は、「顧客に必要最小限の価値を提供できる製品」という意味でMVP（Minimum Viable Product、実用最小限の製品）と呼ばれることがあります。
>
> 　今回のような受注開発ではなく、自分たちで製品開発をしているときには、BMCから導かれる必須のTiDを見極めて、効果的なMVPを作成することを検討するのが有効な場合もあります。なぜなら効果的なMVPは最短時間でコストも安く実証実験ができる可能性があるからです。
>
> 　フルセットの製品を作って出荷してから、「世の中でそんな機能は求められていない」というフィードバックをもらうよりも、外せない核となる機能をまず提供し、「なるほどこれは便利だ」「もう少しこうなると便利だ」という声が集まるようにしたほうが危険性も少なくなります。

解説：詳細な仕様を書く

TiDに肉付けをしていくことで、「いつ、だれが、どこで、何を」するかがわかり、そのシナリオを支えるためのアプリの形がはっきりしてきました。

これを最終的なシステム開発につなげるには、大きく分けて2種類の

仕様を作成する必要があります（一般的にはフロントエンド、バックエンドという言い方もあります）。

1. アプリケーションの仕様
2. ビジネスレイヤーの仕様

それぞれの仕様の中身をもう少し詳しく見てみましょう。

アプリケーションの仕様
　アクターに近い、インターフェイスの振る舞いを定義したものがアプリケーションの仕様です。そこに書かれているのは、以下の内容などです。

　アプリケーション名、登場するTiD、利用するアクター、画面一覧、各画面仕様、画面間の状態遷移、利用するビジネスロジック

　個々の画面には入出力される項目があり、画面上で様々なトリガー（イベント）が起きることで、状態が変わります（画面上の何かが書き換わったり、別の画面に遷移［移動］したり）。

　この振る舞いを単純化して描くと、たとえば次のようになります。これは「状態遷移図」と呼ばれるもので、「機械の振る舞い」を記述する際によく使われる図式です。UMLでは「ステートマシン」と呼ばれています。

第4章　仕様策定（その2）

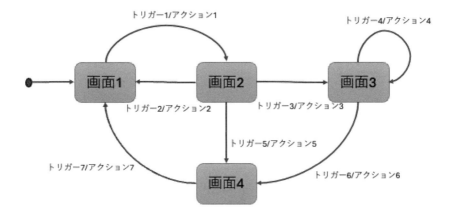

　画面1が表示されている状態でトリガー1（たとえばボタンが押された）などが起きるとアクション1が行われて画面2に切り替わるといった定義が示されています。

　たとえば銀杏商店街アプリのホーム画面で「会員登録」ボタンを押した場合を考えましょう。会員登録画面に来た時点で、携帯電話番号に基いて会員IDが生成されるとします（このIDは同じ携帯電話を使っている限り不変です）。利用者はニックネームを入力して「登録」ボタンを押したら登録が行われてホーム画面に戻ります。「取消」ボタンを押したら何もせずホーム画面に戻ります。

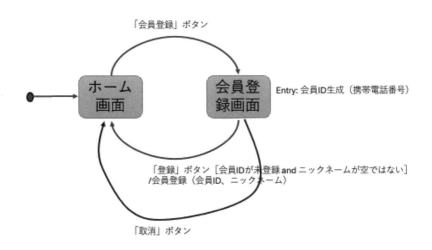

矢印に付けられているラベルは「トリガー」や「イベント」と呼ばれるもので、何かのきっかけを表しています。たとえば一番上の「会員登録」ボタンというラベルが付いている矢印は、ホーム画面で、「会員登録」ボタンを押すイベントが発生したら、会員登録画面に遷移する、という意味を表しています。

　矢印に付けられるラベルの一般形式は、トリガー名［ガード条件］/アクションという形式になります。下の方に書いてある「登録」ボタン［会員IDが未登録 and ニックネームが空ではない］/会員登録（会員ID、ニックネーム）というラベルは、「会員IDが未登録 and ニックネームが空ではない」条件下で「登録」ボタンが押されたら、会員登録（会員ID、ニックネーム）というアクションが呼び出されるという意味です。この会員登録はビジネスロジックの名前で、ビジネスレイヤーの仕様にも現れます。

ビジネスレイヤーの仕様

　アクターがインターフェイスを通して様々なサービスを要求するレイヤーがビジネスレイヤーです。この部分の仕様は主にビジネスデータモデルとビジネスロジックで構成されています。

　アプリケーション仕様側から利用したいビジネスロジックがこちらで定義されることになります。

アプリケーション仕様とビジネスレイヤー仕様

　以上の概要から、それぞれの仕様書に書く内容のアウトラインを生成してみましょう。アプリケーション仕様書に書くべき内容、ビジネスレイヤー仕様書に書くべき内容のメモを与え、それを詳細な目次（記述アウトライン）として示してもらいます。

　まずはプロンプトです。

```
#役割
あなたは開発方法論の専門家です。
```

> #前提条件
> アプリケーション仕様書のフォーマットを作成したいと思っています。
> アプリケーション仕様書には画面のレイアウト、画面の項目、操作による画面遷移などが含まれています。
> 画面項目表示時、画面遷移時に呼び出されるアクションの一部はビジネスレイヤー仕様のビジネスロジックを呼び出すことで実現されます。
> ビジネスレイヤー仕様書のフォーマットを作成したいと思っています。
> ビジネスレイヤー仕様書には主要なビジネスロジックとデータモデルなどが含まれています。ビジネスロジックはAPIとして実装されます。
> #タスク
> アプリケーション仕様のフォーマットを提案してください。
> ビジネスレイヤー仕様のフォーマットを提案してください。

このプロンプトはとても簡単な内容ですが、それぞれの用途に応じて、特に含めて欲しい項目などやその形式を与えることもできます。

ここでは、このプロンプトをそのまま与えて回答を見てみましょう。

> アプリケーション仕様書とビジネスレイヤー仕様書のフォーマットについて、以下のような提案をさせていただきます。
>
> 1. アプリケーション仕様書のフォーマット
>   1. はじめに
>   - アプリケーションの概要と目的
>   2. 画面設計
>   - 画面一覧
>   - 各画面の詳細設計
>   - 画面レイアウト（ワイヤーフレーム or モックアップ）
>   - 画面項目一覧（項目名、入力形式、制約条件など）
>   - 画面遷移図
>   3. 画面アクション
>   - 各画面で発生するアクションの詳細
>   - アクション名
>   - トリガー（ボタンクリック、画面ロードなど）
>   - 処理内容（呼び出すビジネスロジック、画面遷移など）
>   4. エラー処理

        - 想定されるエラーケースとその対処方法
    5. 非機能要件
        - パフォーマンス、セキュリティ、ユーザビリティなど

2. ビジネスレイヤー仕様書のフォーマット
    1. はじめに
        - ビジネスレイヤーの役割と範囲
    2. データモデル
        - データ構造（ER図など）
        - エンティティの詳細（属性、制約条件など）
    3. ビジネスロジック（API）
        - API一覧
        - 各APIの詳細
            - API名
            - 機能概要
            - 入力パラメータ
            - 出力データ
            - 処理フロー
            - エラー処理
    4. 外部システム連携
        - 連携する外部システムの詳細
        - 連携方式（同期/非同期、プロトコルなど）
    5. 非機能要件
        - パフォーマンス、セキュリティ、トランザクション管理など

これらのフォーマットを基に、アプリケーションとビジネスレイヤーの仕様を詳細に記述することで、開発チーム内での共通理解を促進し、効率的な開発を進めることができます。また、仕様書のメンテナンス性を高めるために、できる限り図表や例を用いて視覚的にわかりやすく表現することをおすすめします。

　このフォーマットに従って、現時点で顧客と合意している「仕様」を生成AIにまとめてもらいましょう。

　生成AIには、この時点での最新BMC、最新TiD、最新画面一覧と画面遷移図を与えた上で、以下のプロンプトを投入してアプリケーション仕様とビジネスレイヤー仕様の叩き台を作成してもらいます。

第 4 章　仕様策定（その 2）

> #タスク
>
> ここまで示したTiDならびにアプリケーション画面の定義に従い上記の仕様書フォーマットを使って銀杏商店街ポイントシステムの
>
> ・アプリケーション仕様（「銀杏商店街アプリ」「銀杏商店街店舗アプリ」）
> ・ビジネスレイヤー仕様を示してください。

その回答を少し長くなりますが、以下に示します。

アプリケーション仕様書

#銀杏商店街アプリ

##はじめに
概要と目的：銀杏商店街アプリは、顧客が商店街でのポイントの獲得・利用をスムーズに行うためのアプリケーションです。ポイントシステムを通じて顧客のリピート率を高め、商店街全体の活性化を図ります。

##画面設計
###画面一覧
ホーム画面
会員登録画面
会員情報画面
ポイント履歴画面
店舗一覧画面
店舗詳細画面
QRコード画面

###各画面の詳細設計
####ホーム画面
現在のポイント残高表示
お知らせ表示
ナビゲーションボタン（会員登録、会員情報、ポイント履歴、店舗一覧、QRコード）

会員登録画面
ニックネーム入力欄
携帯電話番号の自動取得
登録ボタン

会員情報画面
ニックネーム表示・編集
連絡先表示・編集
保存ボタン

ポイント履歴画面
ポイント獲得・利用履歴表示（日時、店舗名、ポイント数）

店舗一覧画面
店舗名、業種、位置情報の表示・検索
店舗詳細画面へのリンク

店舗詳細画面
店舗概要、営業時間、特別なお知らせの表示

QRコード画面
顧客のQRコード表示

画面レイアウト（ワイヤーフレーム or モックアップ）
各画面のワイヤーフレームは別紙にて提供
画面項目一覧
項目名、入力形式、制約条件は各画面の詳細設計に含む

画面遷移図
ホーム画面から各機能画面への遷移図を示す（添付図参照）

画面アクション
ホーム画面
トリガー：各ボタンクリック
処理内容：対応する画面への遷移

会員登録画面
トリガー：登録ボタンクリック
処理内容：会員登録API呼び出し、成功時ホーム画面へ遷移

会員情報画面
トリガー：保存ボタンクリック
処理内容：会員情報更新API呼び出し、成功時確認メッセージ表示

ポイント履歴画面
トリガー：画面ロード
処理内容：ポイント履歴取得API呼び出し、リスト表示

店舗一覧画面
トリガー：検索ボタン、店舗リンククリック
処理内容：店舗情報取得API呼び出し、リスト・詳細表示

QRコード画面
トリガー：画面ロード
処理内容：顧客QRコード生成・表示

エラー処理
各画面で発生する可能性のあるエラーケースとその対処方法を詳細に記述
例：ネットワークエラー時のリトライ処理、入力エラー時のメッセージ表示

非機能要件
パフォーマンス：レスポンスタイムは2秒以内
セキュリティ：SSL/TLSを使用した通信の暗号化
ユーザビリティ：直感的な操作性、視覚的なわかりやすさ

銀杏商店街店舗アプリ
はじめに
概要と目的：銀杏商店街店舗アプリは、店舗側が顧客のポイントの獲得・利用を管理するためのアプリケーションです。QRコードスキャンを通じて効率的なポイント管理を実現します。

画面設計

画面一覧
ホーム画面
ポイント登録画面
ポイント利用画面
店舗情報画面
QRコードスキャナー画面

各画面の詳細設計
ホーム画面
当日の取引履歴、売上概要、お知らせ表示
ナビゲーションボタン（ポイント登録、ポイント利用、店舗情報、QRコードスキャナー）

ポイント登録画面
支払金額入力欄
顧客情報表示（QRコードスキャン後）

ポイント利用画面
利用ポイント入力欄
顧客情報表示（QRコードスキャン後）

店舗情報画面
店舗概要、営業時間、特別なお知らせの編集

QRコードスキャナー画面
顧客のQRコード読み取り機能

画面レイアウト（ワイヤーフレーム or モックアップ）
各画面のワイヤーフレームは別紙にて提供
画面項目一覧
項目名、入力形式、制約条件は各画面の詳細設計に含む

画面遷移図
ホーム画面から各機能画面への遷移図を示す（添付図参照）

画面アクション

###ホーム画面
トリガー：各ボタンクリック
処理内容：対応する画面への遷移

###ポイント登録画面
トリガー：支払金額入力後、登録ボタンクリック
処理内容：QRコードスキャナー画面を呼び出し、スキャン後ポイント登録API呼び出し

###ポイント利用画面
トリガー：利用ポイント入力後、利用ボタンクリック
処理内容：QRコードスキャナー画面を呼び出し、スキャン後ポイント利用API呼び出し

###店舗情報画面
トリガー：保存ボタンクリック
処理内容：店舗情報更新API呼び出し、成功時確認メッセージ表示

###QRコードスキャナー画面
トリガー：QRコードスキャン
処理内容：スキャン結果表示

##エラー処理
各画面で発生する可能性のあるエラーケースとその対処方法を詳細に記述
例：ネットワークエラー時のリトライ処理、入力エラー時のメッセージ表示

##非機能要件
パフォーマンス：レスポンスタイムは2秒以内
セキュリティ：SSL/TLSを使用した通信の暗号化
ユーザビリティ：直感的な操作性、視覚的なわかりやすさ

#ビジネスレイヤー仕様書
##はじめに
ビジネスレイヤーの役割と範囲：ビジネスレイヤーは、アプリケーションのビジネスロジックを担う層であり、データの操作、ビジネスルールの適用、外部システムとの連携を行います。

データモデル
データ構造（ER図など）
別紙にて提供

エンティティの詳細（属性、制約条件など）
会員
属性：顧客ID、ニックネーム、携帯電話番号、ポイント残高
制約条件：顧客IDは一意、携帯電話番号は一意

店舗
属性：商店街登録ID、店舗名、連絡先、登録日
制約条件：商店街登録IDは一意

来店情報
属性：顧客ID、商店街登録ID、日時、支払金額、ポイント、メモ
制約条件：顧客IDと商店街登録IDの組み合わせは一意

ビジネスロジック（API）
API一覧
会員登録API
会員情報更新API
ポイント登録API
ポイント利用API
店舗情報更新API

各APIの詳細
会員登録API
機能概要：新規会員を登録する
入力パラメータ：顧客ID、ニックネーム、携帯電話番号
出力データ：成功/失敗ステータス
処理フロー：顧客ID生成 -> 重複チェック -> 会員データ登録
エラー処理：重複エラー、入力フォーマットエラー

会員情報更新API
機能概要：会員の情報を更新する

入力パラメータ：顧客ID、ニックネーム、連絡先
出力データ：成功/失敗ステータス
処理フロー：会員データ更新
エラー処理：顧客ID存在チェックエラー

ポイント登録API
機能概要：顧客のポイント獲得を登録する
入力パラメータ：顧客ID、商店街登録ID、支払金額
出力データ：成功/失敗ステータス、付与ポイント数
処理フロー：ポイント計算 -> 来店情報登録 -> ポイント加算
エラー処理：顧客ID存在チェックエラー

ポイント利用API
機能概要：顧客のポイント利用を処理する
入力パラメータ：顧客ID、商店街登録ID、利用ポイント
出力データ：成功/失敗ステータス、利用後ポイント数
処理フロー：ポイント減算 -> 来店情報登録
エラー処理：顧客ID存在チェックエラー、ポイント不足エラー

店舗情報更新API
機能概要：店舗の情報を更新する
入力パラメータ：商店街登録ID、店舗名、連絡先、営業時間、特別なお知らせ
出力データ：成功/失敗ステータス
処理フロー：店舗データ更新
エラー処理：商店街登録ID存在チェックエラー

##外部システム連携
連携する外部システムの詳細
支払い処理システム、CRMシステム
連携方式（同期/非同期、プロトコルなど）

支払い処理は同期通信、RESTful APIを使用
CRMシステムとのデータ連携は非同期通信、メッセージキューを使用

##非機能要件
パフォーマンス：APIのレスポンスタイムは1秒以内

> セキュリティ：各APIは認証・認可を実装、通信はSSL/TLSで暗号化
> トランザクション管理：データ整合性を確保するため、ポイントの登録・利用はトランザクション管理を行う
>
> 以上が「銀杏商店街ポイントシステム」のアプリケーション仕様書とビジネスレイヤー仕様書のアウトラインです。これにより、システム全体の設計と実装が明確になり、開発プロセスを効率化できます。

この回答をレビューし、いくつかの追加をすることにします（レビューそのものをAIの力を借りて行うことも可能ですが、一度は人間が完全にウォークスルーをする必要があります）。ここではごく簡単な依頼をしています。

> #タスク
>
> ビジネスレイヤー仕様書に関して
>
> 1. 来店情報の一意性を確保するため「来店ID」という属性を追加してください
> 2. ビジネスロジック、データモデルそれぞれに最終的にプログラムで使用できる英数識別子を添えてください。

これに対する回答は以下の通りです。

> ##ビジネスレイヤー仕様書
>
> ###1. はじめに
> - **ビジネスレイヤーの役割と範囲:** ビジネスレイヤーは、アプリケーションのビジネスロジックを担う層であり、データの操作、ビジネスルールの適用、外部システムとの連携を行います。
>
> ###2. データモデル
>
> - **データ構造（ER図など）**
>   - 別紙にて提供

- **エンティティの詳細(属性、制約条件など)**
  - **会員(Member)**
    - 属性:
      - 顧客ID (customer_id): 一意
      - ニックネーム (nickname)
      - 携帯電話番号 (phone_number): 一意
      - ポイント残高 (point_balance)
    - 制約条件:
      - 顧客IDと携帯電話番号は一意である必要があります。

  - **店舗(Store)**
    - 属性:
      - 商店街登録ID (store_id): 一意
      - 店舗名 (store_name)
      - 連絡先 (contact_info)
      - 登録日 (registration_date)
    - 制約条件:
      - 商店街登録IDは一意である必要があります。

  - **来店情報(Visit)**
    - 属性:
    - 来店ID (visit_id): 一意
    - 顧客ID (customer_id)
    - 商店街登録ID (store_id)
    - 日時 (visit_date)
    - 支払金額 (payment_amount)
    - ポイント (points)
    - メモ (note)
    - 制約条件:
      - 来店IDは一意である必要があります。

###3. ビジネスロジック(API)

- **API一覧**
  - 会員登録API (register_member)

- 会員情報更新API (update_member_info)
  - ポイント登録API (register_points)
  - ポイント利用API (use_points)
  - 店舗情報更新API (update_store_info)

- **各APIの詳細**
  - **会員登録API (register_member)**
    - 機能概要: 新規会員を登録する
    - 入力パラメータ:
      - 顧客ID (customer_id)
      - ニックネーム (nickname)
      - 携帯電話番号 (phone_number)
    - 出力データ:
      - 成功/失敗ステータス (status)
    - 処理フロー:
      1. 顧客ID生成 (generate_customer_id)
      2. 重複チェック (check_duplicate)
      3. 会員データ登録 (register_member_data)
    - エラー処理:
      - 重複エラー (duplicate_error)
      - 入力フォーマットエラー (input_format_error)

  - **会員情報更新API (update_member_info)**
    - 機能概要: 会員の情報を更新する
    - 入力パラメータ:
      - 顧客ID (customer_id)
      - ニックネーム (nickname)
      - 連絡先 (contact_info)
    - 出力データ:
      - 成功/失敗ステータス (status)
    - 処理フロー:
      1. 会員データ更新 (update_member_data)
    - エラー処理:
      - 顧客ID存在チェックエラー (customer_id_check_error)

  - **ポイント登録API (register_points)**

- 機能概要: 顧客のポイント獲得を登録する
- 入力パラメータ:
  - 顧客ID (customer_id)
  - 商店街登録ID (store_id)
  - 支払金額 (payment_amount)
- 出力データ:
  - 成功/失敗ステータス (status)
  - 付与ポイント数 (points)
- 処理フロー:
  1. ポイント計算 (calculate_points)
  2. 来店情報登録 (register_visit_info)
  3. ポイント加算 (add_points)
- エラー処理:
  - 顧客ID存在チェックエラー (customer_id_check_error)

- **ポイント利用API (use_points)**
- 機能概要: 顧客のポイント利用を処理する
- 入力パラメータ:
  - 顧客ID (customer_id)
  - 商店街登録ID (store_id)
  - 利用ポイント (points_to_use)
- 出力データ:
  - 成功/失敗ステータス (status)
  - 利用後ポイント数 (remaining_points)
- 処理フロー:
  1. ポイント減算 (subtract_points)
  2. 来店情報登録 (register_visit_info)
- エラー処理:
  - 顧客ID存在チェックエラー (customer_id_check_error)
  - ポイント不足エラー (insufficient_points_error)

- **店舗情報更新API (update_store_info)**
- 機能概要: 店舗の情報を更新する
- 入力パラメータ:
  - 商店街登録ID (store_id)
  - 店舗名 (store_name)

        - 連絡先 (contact_info)
        - 営業時間 (business_hours)
        - 特別なお知らせ (special_announcements)
      - 出力データ:
        - 成功/失敗ステータス (status)
      - 処理フロー:
        1. 店舗データ更新 (update_store_data)
      - エラー処理:
        - 商店街登録ID存在チェックエラー (store_id_check_error)

###4. 外部システム連携

- **連携する外部システムの詳細**
  - 支払い処理システム (Payment Processing System)
  - CRMシステム (CRM System)

- **連携方式（同期/非同期、プロトコルなど）**
  - 支払い処理は同期通信、RESTful APIを使用
  - CRMシステムとのデータ連携は非同期通信、メッセージキューを使用

###5. 非機能要件

- パフォーマンス: APIのレスポンスタイムは1秒以内
- セキュリティ: 各APIは認証・認可を実装、通信はSSL/TLSで暗号化
- トランザクション管理: データ整合性を確保するため、ポイントの登録・利用はトランザクション管理を行う

　ER図については「別紙にて解説」になっていますが、Mermaid形式の描画を依頼することにしました（このあたりは、いわゆるモデリングツールへの入力などを生成してもよいと思います）。

```
erDiagram
  MEMBER {
    string customer_id PK
    string nickname
```

```
    string phone_number
    int point_balance
  }
  STORE {
    string store_id PK
    string store_name
    string contact_info
    date registration_date
  }
  VISIT {
    string visit_id PK
    string customer_id FK
    string store_id FK
    date visit_date
    float payment_amount
    int points
    string note
  }
  MEMBER ||--o{ VISIT: has
  STORE ||--o{ VISIT: has
```

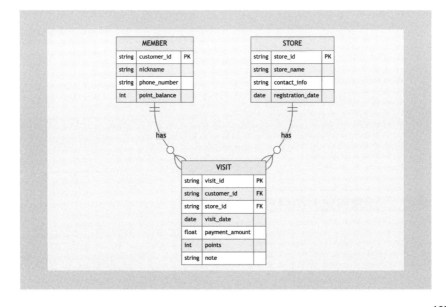

> **Column**
>
> ### より厳密な仕様を書く
>
> 多くの開発現場では前の章で書いたような内容を、文書としてまとめてレビューを行い「仕様書」として使っている場合も多いと思います。もちろんそのようなやり方でも構わないのですが、将来規模が大きくなってきたり、ロジックが複雑になってくると仕様間の矛盾や一貫性を保持するのが徐々に難しくなってきます。
>
> これは人間が最終的に確認する必要があるという仕組みの限界です。
>
> これに対して生成AIを駆使して矛盾を発見させるというやり方も将来的には可能かもしれないのですが、現在（2024年9月時点）の生成AIは基本的に「意味」を解釈せず「表現」上の辻褄合わせのほうが得意です。
>
> このため、作成している仕様の妥当性や一貫性を、仕様作成時にもっと厳密に検証したい場合には、仕様をもっと厳密に記述して検証するというやり方の採用が必要になってきます。
>
> こうしたときに使える手法が形式仕様記述および仕様記述言語です。形式仕様記述の優れた点は、仕様上に現れる型に一貫性を持たせることが可能で、機能に関する詳細を手続きではなく条件（事前条件や事後条件）の形で表現できることです。この性質のおかげで、仕様の段階で一種の「実行」を行い仕様の正しさを顧客やユーザーと一緒に確かめることも可能となります。
>
> 本書では形式仕様記述そのものの詳しい解説は行いませんが、極めて品質の高い仕様を記述することができる、すなわち極めて品質の高い実装を生み出すことを可能とする技術なのです。

解説：「仕様策定」の振り返り

前段の「課題」フェーズではビジネス上の課題としてBMCを中心として「問題の構造」をはっきりさせました。この「仕様策定」の章は整理された問題を取り上げて、どのような仕組みで問題を解決するかを検

討してきました。

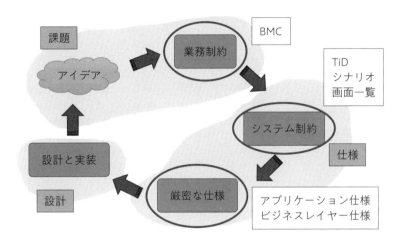

　その過程で「どのようなプロンプトを使って、途中の成果物生成を助けてもらうか」を述べてきました。繰り返しになりますが、仕様とは課題の検討で見つかった問題を「誰が、いつ、どこで、どのような」仕組みで解決するかを決めるものです。

　アプリケーション仕様とビジネスレイヤー仕様という形でまとめる話と、さらに一歩踏み込んで形式仕様記述言語を使いさらに厳密に記述する話を紹介しました。

　アプリケーション仕様と、ビジネスレイヤー仕様の雛形は以下のようなものでした。これだけで完璧というわけではなく、必要に応じて、項目を増やしたり減らしたり詳細化したりすることができます。その際にも生成AIが様々なアイデアを出して支援してくれるでしょう。

1. アプリケーション仕様書のフォーマット
 1.1.はじめに
  - アプリケーションの概要と目的
 1.2.画面設計
  - 画面一覧

- 各画面の詳細設計
   - 画面レイアウト（ワイヤーフレーム or モックアップ）
   - 画面項目一覧（項目名、入力形式、制約条件など）
   - 画面遷移図
 1.3. 画面アクション
   - 各画面で発生するアクションの詳細
   - アクション名
   - トリガー（ボタンクリック、画面ロードなど）
   - 処理内容（呼び出すビジネスロジック、画面遷移など）
 1.4. エラー処理
   - 想定されるエラーケースとその対処方法
 1.5 非機能要件
   - パフォーマンス、セキュリティ、ユーザビリティなど

2. ビジネスレイヤー仕様書のフォーマット
 2.1. はじめに
   - ビジネスレイヤーの役割と範囲
 2.2. データモデル
   - データ構造（ER図など）
   - エンティティの詳細（属性、制約条件など）
 2.3. ビジネスロジック（API）
   - API一覧
   - 各APIの詳細
   - API名
   - 機能概要
   - 入力パラメータ
   - 出力データ
   - 処理フロー
   - エラー処理
 2.4. 外部システム連携

- 連携する外部システムの詳細
　- 連携方式（同期/非同期、プロトコルなど）
2.5.非機能要件
　- パフォーマンス、セキュリティ、トランザクション管理など

　基本的に、「宣言的でコンパクト」な記述を行うように心がけるとよいでしょう。宣言的でコンパクトであることで、人間にとっても機械にとってもレビューしやすいものになります。

　そのためには、

- TiD の最新版
- アプリケーション仕様の最新版
- ビジネスレイヤー仕様の最新版

をフォーマット定義と実際の記述のペアとして保存しておき、新しい情報（課題の変更、システムの変更）が入ったら適宜必要な部分を書き直し、生成AIを使って精査していくようにします。対応関係が厳密なものは生成AIを使った再生成も積極的に検討したいところです。

Column

4WD と TiD

　67ページに「TiDは本書のために発明した手法です」と書いたのですが、この書き方は少々誇張しています。実は、原形は1990年代に生まれました。

　当時のプロジェクトで、「誰が、いつ、どこで、何を」しているかを皆で合意する手段が必要だったからです。そこで「Who-When-Where-What Diagram」を考えて、「誰が、いつ、どこで、何を」するかを図で示しながら、メンバー同士で認識の共有をできるようにしました。この

とき4WDという名前が生まれました。見かけは後のTiDと似ていましたが、ご想像できるように、結構メンテナンスが大変でした（最初は手描きでしたし、お絵描きツールをPC上で使えるようになってからでも手間がかかりました）。

時は流れて2010年代に、また別のプロジェクトで、課題と仕様の「対応関係」を示すための記述の必要性に迫られました。そこで4WDのことを思い出し、少々化粧直しをして、課題の中の要求が、仕様のどの機能に写像されているかを追跡するための「TiD：Trace index Diagram」として使うことにしました。

このときも、基本的にはTiDは「図」のままでした。

そして時は流れて2022年、あるプロジェクトの中で、開発プロセスに形式仕様を取り込もうという話をしていた最中に、突然出現したのがChatGPTでした。それまで、形式仕様をいかに簡単に読み書きしてもらうかが課題だと思っていたのに、いきなりその部分のハードルが大幅に下がったのです。それならば、形式仕様記述も含めて開発プロセスにどのように生成AIを組み込もうかという話をする中で「テキスト版TiD v0」が生まれました。何しろ生成AIとのやり取りをするためには、テキスト表現にするしかなかったからです。

2024年9月の今なら、ダイアグラムを生成AIに読み込ませるという方法も考えられますね。とはいえ180ページのコラム「図式（ダイアグラム）とテキスト表現」にも書いたように、まだ図式を自由に生成AIに取り込むにはノイズが多すぎるので、しばらくはテキストの活躍できる価値は大きそうです。それとは別に何と言ってもテキストは「差分」を取りやすいので、履歴の解析もやりやすいのです（今のところは）。

ということで本書のTiDは正確に表現するなら「本書のために改めて整理したテキスト版TiD v1」ということになります。

第 5 章

設計と実装

解説：設計と生成AI

　アプリケーション仕様やビジネスレイヤー仕様はあくまでも「論理的」な仕様です。

　ここまで、利用者の問題から抽出された各種の視点を、たとえば本書ではBMC（ビジネスモデルキャンバス）という形でまとめ、そこから「いつ、誰が、どこで、何を行い、その結果どのような状態になる」のかをTiD（Trace Index Diagram）の図とテキストで表現し、それに基づいてアプリケーション仕様やビジネスレイヤー仕様という形でまとめました。

　アプリケーション仕様を読むと、既に「スマートフォン」を使うといった文言が書かれていますので、実現方法が書かれているようにも思えますが、あくまでもこれは利用者側から見た動きを、システム作成側とすり合わせやすいような形式で表現したもので、実際にシステムの形で仕上げるにはさらに多くの様々な決定を行わなければなりません。

　具体的には、ソフトウェアをどのような構造（どのような責任を持った構成部品がどのように組み合わされているか）にするかを決めていきます。その構造の中で、責任分担をどう考えて、どのような言語を使うのか、非機能要件に挙げられた様々な要素をどのように担保するのか、どのように検証を進めるのか、といった検討を行います。

　実際にこの話題はこの書籍で軽く扱えるような話題でもなく、それぞれの専門性を必要とする難しいものです。とはいえ、ますますシステム構築の技術が発展していく中で、すべての技術を網羅し続けることも困難になっています。

　こうしたとき、生成AIはどのような役に立つのでしょうか。これまでも見てきたように、生成AIは「膨大な知識」を蓄積しています。そこに対して何らかの質問を投げかけると、「いかにもそれらしい」答が返されます。

　そうでありながら、多くの場合、いきなり答を得ようとして思いつく質問を投げかけては、それほど満足できる答は得られないかもしれませ

ん。

　ここまでの章（仕様策定まで）は、発注者と開発者が生成AIも活用しながら、どのようなやり取りをして仕様を決めるかの話題でしたが、この章では、ここまでに得られた仕様を元に、開発者側が実際に動くものを定義する際に生成AIをどう活用できるかのヒントを解説します。

　なお、この章の解説は、特定の実装方法を解説するというよりも、生成AIを使った様々な可能性について触れていくことになります。設計方法と実装方法は多種多様であり、常に新しい仕組みが提案されているからです。

　ここではまず、開発するシステムのアーキテクチャ（構造）を考えることにしましょう。

解説：アーキテクチャを考える

　もし小規模で、あまり高い性能も求められないようなシステムを構築するのなら、それほど気を使う必要はないかもしれません。しかし、将来大規模に拡張されることが予想されるなら、全体の仕組みはある程度慎重に考えておく必要があります。

　もっとも、机のような大きさのコンピューターを使っていた時代にパソコンが出てきたり、独立したコンピューターやせいぜい事務所内でのネットワークを使っていたのにインターネットが登場したり、いわゆるガラケー（古い携帯電話）を使っていた時代にスマートフォンが登場したりという小手先の工夫ではどうにもならない大変革が起きた場合には、さすがに対処しきれないかもしれません。

　しかしその場合でも、人と仕事の流れ（特にサービスの都合に縛られない外部の利用者の動き）や、蓄積される情報そのものは相変わらず利用できる可能性があります。

　BMCの際のやり取りを思い出して欲しいのですが、あのレベルではまだどのようなシステムを使ったりするかは決まっておらず、あくまでもビジネスモデルの話をしていただけでした。ビジネスモデルの寿命はもちろん利用できるインフラにも影響されますが、BMCで定義される

VP（価値提供）の部分は本来システムとは独立しています。

　前置きが長くなりましたが、システムの構造であるアーキテクチャを考える際に、通常ならばアーキテクチャのカタログや、過去の事例、自分の知識などを動員して最初の叩き台を作り、詳細に検討していくことになります。

　生成AIを使っても大きな違いはありません。結局過去の事例を引き出して叩き台にすることは変わりないからです。最初の叩き台を作成する際に、その時点での文脈をあらかじめ与えて下書きを作ってもらえることが大きな違いとなります。

　また生成AIは、
・発注側の人は、開発者側の説明を理解するための手段として
・開発者側の人は、自分がこれまで詳しく知らなかった技術についての情報
　をまずは集める手段として
利用することができます。

役割
あなたはシステムアーキテクトです。アプリケーションとそれを支えるビジネスロジックの仕様を基に、アーキテクチャを検討し、実際の実装プランを考えるのが得意です。

アプリケーション仕様とビジネスレイヤー仕様
/* ここまでに検討してきた仕様を与える */
…略…

タスク
与えられたアプリケーション仕様とビジネスレイヤー仕様（ビジネスロジック仕様）を基に、アーキテクチャと実装プランを何種類か提案してください。

銀杏商店街ポイントシステム アーキテクチャ提案

1. 従来型3層アーキテクチャ
概要：従来型の3層アーキテクチャは、プレゼンテーション層、ビジネスロジック層、データアクセス層の3つの層に分かれており、明確な役割分担と保守性の

高さが特徴です。

実装プラン：
　プレゼンテーション層：
　　iOS/Androidアプリ（Swift/Kotlin）
　　Webアプリケーション（JavaScript/React/Vue.js）
　ビジネスロジック層：
　　Java（Spring Boot）またはPython（Django/Flask）
　　REST APIを提供
　データアクセス層：
　　リレーショナルデータベース（MySQL/PostgreSQL）
　　ORM（Hibernate/Django ORM）を使用

メリット：
　役割分担が明確：各層が独立しているため、開発、テスト、保守が容易
　保守性が高い：変更の影響範囲が限定される
　実績豊富：多くのアプリケーションで採用されている実績があり、安定性が高い

デメリット：
　複雑化：層が増えるため、開発規模が大きくなると複雑になる可能性がある
　パフォーマンス：層間の通信オーバーヘッドが発生し、パフォーマンスが低下する可能性がある

2. マイクロサービスアーキテクチャ
概要：マイクロサービスアーキテクチャは、アプリケーションを独立した小さなサービスに分割し、各サービスは独立して開発、デプロイ、スケール可能にするアーキテクチャです。

実装プラン：
　サービス：
　　会員管理サービス
　　店舗管理サービス
　　ポイント管理サービス
　　支払い処理サービス（外部連携）
　　CRMサービス（外部連携）
　通信：

REST API（HTTP）
メッセージキュー（RabbitMQ/Kafka）
データベース：
各サービスが独立したデータベースを持つ（MySQL/PostgreSQL）
必要なデータはAPI連携で共有

メリット：
スケーラビリティ：個々のサービスを独立してスケール可能
独立性：サービス間の依存性を減らし、開発とデプロイが高速化
柔軟性：新しい機能を追加したり、既存の機能を変更したりするのが容易

デメリット：
複雑化：サービス間の連携が複雑になり、開発と運用が複雑になる可能性がある
セキュリティ：サービス間の通信を安全に管理する必要がある
デバッグ：デバッグが難しくなる可能性がある

3. サーバーレスアーキテクチャ
概要：サーバーレスアーキテクチャは、サーバーの管理をクラウドプロバイダーに委託し、イベント駆動型のコードを実行するアーキテクチャです。

実装プラン：
サーバーレスプラットフォーム：
AWS Lambda/Azure Functions/Google Cloud Functions
データベース：
サーバーレスデータベース（Amazon DynamoDB/Firebase）
通信：
API Gateway（AWS/Azure/Google Cloud）
メッセージキュー（AWS SQS/Azure Service Bus/Google Cloud Pub/Sub）

メリット：
コスト削減：サーバー管理の必要がなく、コストを削減できる
スケーラビリティ：自動スケーリングにより、トラフィックの変動に柔軟に対応できる
開発効率：開発とデプロイが容易になり、開発効率が向上する

デメリット：

> ベンダーロックイン：特定のクラウドプロバイダーに依存する
> パフォーマンス：コールドスタートが発生し、パフォーマンスが低下する可能性がある
> デバッグ：デバッグが難しい場合がある
>
> まとめ
> それぞれのアーキテクチャにはメリットとデメリットがあるため、アプリケーションの規模、性能要件、開発体制などを考慮して最適なアーキテクチャを選択する必要があります。
>
> 規模が小さく、パフォーマンス要求が低い：従来型3層アーキテクチャ
> スケーラビリティと柔軟性が求められる：マイクロサービスアーキテクチャ
> コスト削減と開発効率を重視：サーバーレスアーキテクチャ
>
> 上記の提案に加え、以下の要素も考慮して、より詳細な設計を進めてください。
> セキュリティ：認証・認可、データ暗号化、セキュリティ監査
> パフォーマンス：キャッシュ、データベース最適化、負荷分散
> 可用性：リトライ処理、エラーハンドリング、冗長化
> 開発環境：CI/CD、テスト環境、監視ツール
> 運用：デプロイ、監視、ログ管理
>
> 注記：
> 上記は一般的なアーキテクチャと実装プランの例であり、実際の設計では、アプリケーションの具体的な要件に合わせて調整する必要があります。
> 特に、ポイントシステムでは、セキュリティとデータ整合性が重要となるため、これらの要素を考慮した設計が必要です。

　もちろん生成AIの出力は参考にはなるものの、それがすべてというわけではありません。また常に「正しい」結果になるわけでもありません。繰り返しますが、生成AIの出力の内容を吟味するのは人間の責任です。
　ここでは単純にメリットとデメリットが挙げられています。たとえばデメリットの緩和策にも触れてもらうことにしましょう。

> この内容をもっと詳細に検討して、それぞれのデメリットに関する「緩和策」も挙げてください。

銀杏商店街ポイントシステム アーキテクチャ詳細検討
/* 途中を適宜省略 */

1. 従来型3層アーキテクチャ
概要：従来型の3層アーキテクチャは、プレゼンテーション層、ビジネスロジック層、データアクセス層の3つの層に分かれており、明確な役割分担と保守性の高さが特徴です。
/* 中略 */

メリット：
　役割分担が明確：各層が独立しているため、開発、テスト、保守が容易
　保守性が高い：変更の影響範囲が限定される
　実績豊富：多くのアプリケーションで採用されている実績があり、安定性が高い
　学習コストが低い：多くの開発者が経験を持つため、学習コストが低い

デメリット：
　複雑化：層が増えるため、開発規模が大きくなると複雑になる可能性がある
　パフォーマンス：層間の通信オーバーヘッドが発生し、パフォーマンスが低下する可能性がある
　スケーラビリティ：全体の負荷が大きくなると、スケールアップが難しい

緩和策：
　複雑化：
　　モジュール化：ビジネスロジック層を機能ごとにモジュールに分けることで、開発・保守の負担を軽減する。
　　設計パターン：MVCパターンやレイヤー化アーキテクチャなどの設計パターンを適用することで、コードの整理と可読性を向上させる。
　パフォーマンス：
　　キャッシュ：頻繁にアクセスされるデータをキャッシュすることで、データベースへのアクセス回数を減らし、パフォーマンスを向上させる。
　　非同期処理：時間のかかる処理を非同期処理にすることで、レスポンス時間を短縮する。
　スケーラビリティ：

> 負荷分散：ロードバランサーを用いて、複数のサーバーに負荷を分散させる。
> スケールアウト：サーバーを追加することで、処理能力を拡張する。
>
> /* 中略 */
>
> まとめ
> 3つのアーキテクチャの比較：
> 　特徴従来型3層アーキテクチャ　マイクロサービスアーキテクチャ　サーバーレスアーキテクチャ
> 　複雑度　低　高　中
> 　スケーラビリティ　低　高　高
> 　コスト　中　中　低
> 　開発効率　中　高　高
> 　保守性　中　高　中
>
> 最適なアーキテクチャの選択：
> 　小規模でシンプル：従来型3層アーキテクチャ
> 　スケーラビリティ、柔軟性、独立性を重視：マイクロサービスアーキテクチャ
> 　コスト削減、開発効率、メンテナンス軽減を重視：サーバーレスアーキテクチャ
> /* 以下略 */

　こうして前提条件を指定して、タスクを与えることで、少しずつ提案をさせることができます。出てきた提案の内容が物足りない、もしくは間違っていると思ったときには、さらに詳細化を促したり、前提条件を変えたり、タスクの内容を変えたり、出力の例を与えたりすることで、欲しい内容を引き出せます。

　たとえば、上記の例では、セキュリティ、パフォーマンス、可用性、開発環境、運用などに関してはあっさりとしか書かれていませんでした。そこで、それらに関するブレークダウンを依頼してみましょう。全部に関して問い合わせると紙幅も足りませんので、ここでは「従来型3層モデル」を想定して問い合わせます。

> #タスク
> 以下の項目について従来型3層モデルを想定して、さらに詳細に検討してくださ

い
=====
セキュリティ：認証・認可、データ暗号化、セキュリティ監査
パフォーマンス：キャッシュ、データベース最適化、負荷分散
可用性：リトライ処理、エラーハンドリング、冗長化
開発環境：CI/CD、テスト環境、監視ツール
運用：デプロイ、監視、ログ管理

従来型3層モデルの詳細検討（セキュリティ、パフォーマンス、可用性、開発環境、運用）

1. セキュリティ

1.1 認証・認可
- **認証：**
  - 顧客向けアプリ：
    - ログイン機能（メールアドレス/パスワード認証）
    - OAuth 2.0（Google/Facebookアカウント連携）
  - 店舗向けアプリ：
    - ログイン機能（店舗ID/パスワード認証）
    - 二要素認証（SMS/メール認証）
  - Web管理画面：
    - ログイン機能（管理者アカウント/パスワード認証）
    - 多要素認証（OTP、生体認証など）
- **認可：**
  - ロールベースのアクセス制御（RBAC）：顧客、店舗、管理者それぞれにアクセス権限を付与
  - APIキーによるアクセス制御：APIへのアクセスを制限（例：店舗アプリからポイント管理APIへのアクセス）

1.2 データ暗号化
- **データベース暗号化：**
  - データベース層でデータ暗号化（MySQL/PostgreSQL の機能を利用）
  - 顧客情報（個人情報）やポイント履歴などの機密情報を暗号化
- **API通信の暗号化：**
  - TLS/SSL を使用して通信を暗号化

    - アプリとサーバー間、サーバーとデータベース間の通信を保護

1.3 セキュリティ監査
  - **定期的なセキュリティ監査：**
    - 脆弱性診断ツール（例：Nessus, OpenVAS）を使用
    - 脆弱性発見と修正
  - **セキュリティログの監視：**
    - ログ分析ツール（例：Splunk, ELK）を使用
    - 攻撃や不正アクセスの検知と対応

2. パフォーマンス

2.1 キャッシュ
- **Redis：**
  - 頻繁にアクセスされるデータをキャッシュ（例：店舗情報、ポイント履歴）
  - データベースへのアクセス回数を減らし、レスポンス時間短縮
- **ブラウザキャッシュ：**
  - 静的ファイル（CSS, JavaScript, 画像）をキャッシュ
  - ネットワークトラフィックを削減

2.2 データベース最適化
- **データベースチューニング：**
   - インデックス作成（頻繁に検索される列にインデックスを作成）
   - クエリ最適化（効率的なSQL文を使用）
   - データベース設定（メモリ、ディスク容量など）のチューニング
- **データベースの負荷分散：**
   - データベースサーバーを複数台用意し、負荷分散

2.3 負荷分散
- **ロードバランサー：**
   - 複数のサーバーに負荷を分散
   - サーバーのダウンタイムを削減
- **CDN（Content Delivery Network）：**
   - 静的コンテンツ（画像、CSS, JavaScript）をキャッシュ
   - ネットワークトラフィックを分散

3. 可用性

3.1 リトライ処理
- **API通信：**
  - API通信が失敗した場合、一定時間後にリトライ
  - ネットワークエラーやサーバーエラーへの対応
- **データベース接続：**
  - 接続が切断された場合、自動的に再接続

3.2 エラーハンドリング
- **例外処理：**
  - 予期せぬエラーが発生した場合、適切なエラーメッセージを表示
  - ログファイルにエラー情報を記録
- **エラー監視：**
  - エラー発生状況を監視
  - 問題解決のために迅速に対応

3.3 冗長化
- **データベースレプリケーション：**
  - データベースを複数台に複製
  - 一方のサーバーがダウンした場合でも、他のサーバーからデータを取得
- **サーバー冗長化：**
  - 複数のサーバーを用意
  - 一方のサーバーがダウンした場合でも、他のサーバーがサービスを提供

4. 開発環境

4.1 CI/CD
- **Jenkins：**
  - 自動ビルド・テスト・デプロイ
  - コード変更を検知して自動的にビルド・テスト
  - テストに成功したら、自動的にサーバーにデプロイ
- **GitHub Actions：**
  - GitHubでコードリポジトリを管理している場合に利用
  - CI/CDのワークフローを定義

4.2 テスト環境
- **ユニットテスト：**
  - 個々の機能をテスト（例：ログイン処理、ポイント加算処理）
- **インテグレーションテスト：**
  - 複数の機能を連携してテスト（例：会員登録からポイント利用までの流れ）
- **UIテスト：**
  - アプリケーションのUIをテスト（例：画面遷移、入力操作）

4.3 監視ツール
- **Prometheus：**
  - サーバーやアプリケーションのメトリクスを収集
  - リアルタイムで監視
- **Grafana：**
  - Prometheusから収集したメトリクスを可視化
  - ダッシュボードを作成

5. 運用

5.1 デプロイ
- **自動デプロイ：**
  - CI/CDツールを使用して、自動的にデプロイ
  - ロールバック機能：デプロイに失敗した場合、前のバージョンに戻す
- **ブルーグリーンデプロイ：**
  - 新しいバージョンを別のサーバーにデプロイ
  - 動作確認後、トラフィックを新しいバージョンに切り替える

5.2 監視
- **サーバー監視：**
  - CPU使用率、メモリ使用率、ディスク使用率などを監視
  - サーバーの異常を検知
- **アプリケーション監視：**
  - APIレスポンス時間、エラー発生率などを監視
  - アプリケーションの正常性を確認

5.3 ログ管理
- **ログ収集：**

> - ログ収集ツール（Splunk, ELK）を使用
> - サーバーログ、アプリケーションログを収集
> - **ログ分析：**
>   - ログ分析ツールを使用して、エラーや異常を分析
>   - 問題解決のために役立てる
>
> ## まとめ
> 従来型3層アーキテクチャであっても、セキュリティ、パフォーマンス、可用性、開発環境、運用を適切に設計・実装することで、安定性と効率性を高めることができます。クラウドサービスの活用も検討することで、さらにコスト効率を向上させることができます。
>
> **注記：**
> - 上記は、従来型3層アーキテクチャにおけるセキュリティ、パフォーマンス、可用性、開発環境、運用の一般的な検討事項です。
> - 実際の設計では、アプリケーションの具体的な要件に合わせて、適切なツールや手法を選択する必要があります。

アーキテクチャの検討を行ったあと、構成要素ごとに設計を検討することができます。当然ながら設計は、アーキテクチャの制約の中で、先に定義した仕様（アプリケーション仕様、ビジネスレイヤー仕様など）を満たすように行います。

アーキテクチャの決定後には、実際に使うインフラストラクチャ（自前のサーバーを使うのかクラウドを使うのか、クラウドにしてもパブリックなのかプライベートなのか、など）や、開発言語（フロントエンド、バックエンド）、利用するデータベースなども決めていく必要があります。

これはもちろんそれぞれの開発現場に蓄積された知識を使うことになるのですが、上にも書いたように技術はどんどん変化していて、常に新しい情報を収集し続ける必要があります。そして、収集した新しい情報を既存の知識とどのように組み合わせるかを考えなければなりません。

これまではそうした組み合わせのアイデアや試行の実施に際しては、部分的な解を外部から取り込んでくるか、ウェブなどを調べて情報を収

集するか、外部の専門家を雇うかなどの手段を経て自力で開発する必要がありました。

　しかし、こうした努力には大変な時間とコストがかかるため、ついつい手慣れた手法で実装したくなりがちでもありました。もちろん手慣れた枯れた手法を使うことが悪いわけではありません。信頼性の高さや開発工数の見積もりでは、有利な点も多いでしょう。それでも社会的な環境の変化から新しい仕組みや、新しいプログラミング言語を採用せざるを得ない場合も出てきます。

　こうしたときにも生成AIをうまく使うことで、新しいものを取り込みつつ、自分の知識に組み合わせる手助けをしてもらえるのです。

解説：生成AIを使ってコードを生成する

　アーキテクチャが決まったら、そのアーキテクチャに従って実際に埋め込まれるコードを設計し実装していくことになります。

　現在（2024年9月）、様々な生成AIを使ったアプリケーション生成ツールが提案されています。こうしたツールは変化が激しいので2024年の終わりにすらどうなるかはわかりませんが、それでもいくつかのカテゴリーに分けて考えることは可能です（この先全く新しいカテゴリーが登場する可能性もありますが）。

　以下の説明は 2024年9月時点の状況に基づいてます。

インテリジェントなエディタの利用

　生成AIを組み込んだエディタを利用して、プログラムを作成する方法です。エディタはプログラマが毎日触れる道具ですが、そこに生成AIを組み込んで仕事をしてもらう形態です。代表的なのは、Visual Studio Code（VS Code）というエディタの機能を拡張するやり方で、以下が主なものです。

・VS Code に GitHub Copilot という拡張機能を入れたもの
・VS Code から派生して 生成AI を組み込んだ Cursor

　このタイプのコード生成は、エディタの中で入力されたコメントや、

自然言語による指示を読み込みながら対応するコードが生成されていくというものです。

たとえば仕様策定の章で定義したビジネスレイヤー仕様の中のデータモデルの部分を GitHub Copilot の組み込まれた VS Code にペーストして、以下のようなプロンプトを入力してみましょう。

これは VS Code のエディタ画面の様子です。

「上の定義を使って必要な DDL を生成して下さい」というプロンプト入力に対して、GitHub Copilot から「変更を行いました」という返事が返ってきたところを示しています。実際にはこの下に生成されたDDL（データ定義言語）が置かれています。具体的には次に示すよう

な内容です。

```sql
-- Create Member table
CREATE TABLE Member (
    customer_id INT PRIMARY KEY,
    nickname VARCHAR(255),
    phone_number VARCHAR(255) UNIQUE,
    point_balance INT,
    CONSTRAINT unique_customer_phone UNIQUE (customer_id,
    phone_number)
);

-- Create Store table
CREATE TABLE Store (
    store_id INT PRIMARY KEY,
    store_name VARCHAR(255),
    contact_info VARCHAR(255),
    registration_date DATE,
    CONSTRAINT unique_store_id UNIQUE (store_id)
);

-- Create Visit table
CREATE TABLE Visit (
    visit_id INT PRIMARY KEY,
    customer_id INT,
    store_id INT,
    visit_date DATETIME,
    payment_amount DECIMAL(10, 2),
    points INT,
    note VARCHAR(255),
    CONSTRAINT unique_visit_id UNIQUE (visit_id)
);
```

では、このデータモデルを指定して、エディタの中に以下のような Pythonの「コメント」を書き込んでみましょう。最初のポイント登録

APIの仕様は仕様策定で作成したもの、途中のデータモデルは直前の操作で生成したものです。

```
"""
ポイント登録API (register_points)
機能概要：顧客のポイント獲得を登録する
入力パラメータ：
    顧客ID (customer_id)
    商店街登録ID (store_id)
    支払金額 (payment_amount)
出力データ：
    成功/失敗ステータス (status)
    付与ポイント数 (points)
処理フロー：
    1. ポイント計算 (calculate_points)
    2. 来店情報登録 (register_visit_info)
    3. ポイント加算 (add_points)
エラー処理：
    顧客ID存在チェックエラー (customer_id_check_error)

データモデル
-- Create Member table
CREATE TABLE Member (
    customer_id INT PRIMARY KEY,
    nickname VARCHAR(255),
    phone_number VARCHAR(255) UNIQUE,
    point_balance INT,
    CONSTRAINT unique_customer_phone UNIQUE (customer_id, phone_number)
);

-- Create Store table
CREATE TABLE Store (
    store_id INT PRIMARY KEY,
    store_name VARCHAR(255),
    contact_info VARCHAR(255),
```

```
    registration_date DATE,
    CONSTRAINT unique_store_id UNIQUE (store_id)
);

-- Create Visit table
CREATE TABLE Visit (
    visit_id INT PRIMARY KEY,
    customer_id INT,
    store_id INT,
    visit_date DATETIME,
    payment_amount DECIMAL(10, 2),
    points INT,
    note VARCHAR(255),
    CONSTRAINT unique_visit_id UNIQUE (visit_id)
);
"""
```

このコメントが書かれた状態で、GitHub Copilot で拡張された VS Code に対して、「上記の仕様に従って Python の関数 register_points を生成してください」と指示すると、以下のような Python の関数が生成されます。

```
import sqlite3
"""
（ここには上の仕様記述コメントが入っています）
"""

def register_points(customer_id, store_id, payment_amount):
    # Connect to the SQLite database
    conn = sqlite3.connect('./point_register.db')
    cursor = conn.cursor()

    try:
        # Step 1: Calculate points
        points = calculate_points(payment_amount)
```

```python
        # Step 2 : Register visit info
        register_visit_info(customer_id, store_id, payment_amount, points)

        # Step 3 : Add points to customer's balance
        add_points(customer_id, points)

        # Commit the transaction
        conn.commit()

        # Return success status and points
        return {'status': 'success', 'points': points}
    except Exception as e:
        # Rollback the transaction in case of any error
        conn.rollback()
        return {'status': 'failure', 'error': str(e)}
    finally:
        # Close the database connection
        conn.close()

def calculate_points(payment_amount):
    # Calculate points based on the payment amount
    # You can implement your own logic here
    return int(payment_amount / 100)

def register_visit_info(customer_id, store_id, payment_amount, points):
    # Register visit information in the Visit table
    conn = sqlite3.connect('./point_register.db')
    cursor = conn.cursor()

    try:
        # Generate a unique visit_id
        visit_id = generate_unique_visit_id()
        # Get the current date and time
```

```python
        visit_date = datetime.datetime.now()
        # Insert the visit information into the Visit table
        cursor.execute("INSERT INTO Visit (visit_id, customer_
        id, store_id,
        visit_date, payment_amount, points) VALUES (?, ?, ?,
        ?, ?, ?)",
        (visit_id, customer_id, store_id, visit_date, payment_
        amount, points))
        # Commit the transaction
        conn.commit()
    except Exception as e:
        # Rollback the transaction in case of any error
        conn.rollback()
        raise e
    finally:
        # Close the database connection
        conn.close()

def add_points(customer_id, points):
    # Add points to the customer's balance in the Member
    table
    conn = sqlite3.connect('./point_register.db')
    cursor = conn.cursor()
    try:
        # Get the current point balance of the customer
        cursor.execute("SELECT point_balance FROM Member
        WHERE customer_id = ?", (customer_id,))
        current_balance = cursor.fetchone()[0]
        # Calculate the new point balance
        new_balance = current_balance + points
        # Update the point_balance column in the Member table
        cursor.execute("UPDATE Member SET point_balance = ?
        WHERE customer_id = ?", (new_balance, customer_id))
        # Commit the transaction
        conn.commit()
    except Exception as e:
```

```
        # Rollback the transaction in case of any error
        conn.rollback()
        raise e
    finally:
        # Close the database connection
        conn.close()

def generate_unique_visit_id():
    # Generate a unique visit_id using a combination of
    current timestamp
    and a random number
    timestamp = datetime.datetime.now().
    strftime("%Y%m%d%H%M%S")
    random_number = random.randint(1000, 9999)
    visit_id = f" {timestamp} {random_number} "
    return visit_id
```

　ここでは新しいポイント登録を行っています。何もない状態からいきなり雑な指示で生成していますので生成 AI（GitHub Copilot）が勝手に判断したスタイルで書かれています。動くかもしれませんが、保守性や信頼性に関してはきちんとしたレビューとテストが必要です。またコードでは ID（visit_id）を自力生成していますが、これはデータベースの自動インクリメントを使うほうが自然でしょう。

　個人的なプロジェクトでしたらこうした運任せの生成でもよいと思いますが、仕事として関わるプロジェクトの場合には例外処理のポリシーや、変数名の付け方、新しいIDの生成ポリシーなどを、あらかじめ検討しておかなければなりません。

　実際にはそうした各種のポリシーをプロンプトに含める形で生成することになります。また、生成された関数も普通の Python 関数ですが、どのようなフレームワークに組み込むかによって生成のポリシーも変化しますので、そうしたものも事前に検討・決定しておく必要があります。

　この関係を図式化すると次のようになります。

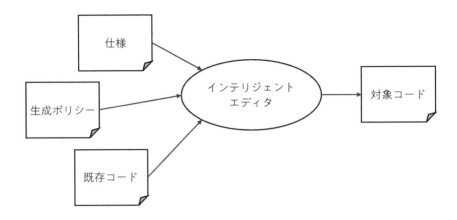

　左上の仕様は個別のコードによって変化します。左中の生成ポリシー、左下の既存コードなどは、たとえば組織やプロジェクト内で共通して使われるものです。

　生成ポリシーには、たとえば例外処理やエラーコード名、変数名、共通して定義したい設計ポリシーなどが書かれています。これをプロンプトの形や別途記述されたドキュメントの形で与えることになります。

　既存コードには、大きなフレームワークや、プロジェクト内で利用されるライブラリなどが書かれています。ただし、規模が大きい場合はインターフェイスの仕様だけが示されている場合もあるでしょう。

　インテリジェントエディタを使う方式は、生成AIにコード生成を手伝わせるとはいえ、コードをエンジニアが直接扱うので、それなりの難易度がありつつも最大限の柔軟性を引き出すことが可能です。

　また、これまでと大きくワークフローが変わることもないので、もっともとっつきやすい手段かもしれません。

生成AIチャットを利用したアプリケーション生成

　前節ではインテリジェントなエディタを使ったコード生成を行いましたが、普通にチャットボットと対話しながらコード生成することも可能です。たとえばChatGPTを直接使って、前節でエディタに与えたようなプロンプトを与えてコードを提案してもらうことができます。

しかしここでは、ChatGPT にコード生成のための知識をさらに与えた「Grimoire」（グリモア）という名前の GPTs（ChatGPTに専門知識を与えたタスク特化型ChatGPT）を紹介しましょう。Grimoreは、ChatGPTの「GPTを探す」メニューの中から探せます。

Grimore にアクセスすると以下のような画面となります。

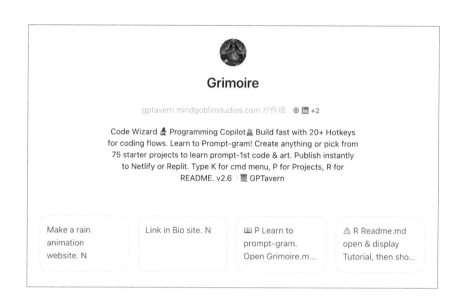

見慣れない感じですが、これは ChatGPT そのものでもあるので、下の方に表示されているプロンプトボックスに、普通にプロンプトを入力できます。

たとえばプロンプトで、以下を与えると同様のロジックを生成してくれます。

> 以下のような機能仕様とデータモデルに従って
> Python の関数 register_points を提案してください。
> ** ここに前の例題の仕様（ビジネスロジックとデータモデル）を貼り付ける **

しかし生成されたコードを読むと、visit_id がどのように用意される

かが不明でした。そこで「visit_id の生成はどうするの？」とプロンプトで尋ねたところ、しれっと以下のような答が返ってきました。

```
Understood. To ensure the unique generation of visit_id, we
need to implement a mechanism to generate a unique identifier
for each new visit record. One common approach is to use the
AUTOINCREMENT feature provided by SQLite for the visit_id.

Here is the updated implementation for the database schema
and the Python code to handle the visit_id generation:

**Updated Database Schema**
Ensure the visit_id is set to auto-increment:

CREATE TABLE Member (
customer_id INT PRIMARY KEY,
nickname VARCHAR(255),
phone_number VARCHAR(255) UNIQUE,
point_balance INT,
CONSTRAINT unique_customer_phone UNIQUE (customer_id, phone_
number)
);

CREATE TABLE Store (
store_id INT PRIMARY KEY,
store_name VARCHAR(255),
contact_info VARCHAR(255),
registration_date DATE,
CONSTRAINT unique_store_id UNIQUE (store_id)
);

CREATE TABLE Visit (
visit_id INTEGER PRIMARY KEY AUTOINCREMENT,
customer_id INT,
store_id INT,
visit_date DATETIME,
```

```
payment_amount DECIMAL(10, 2),
points INT,
note VARCHAR(255),
CONSTRAINT unique_visit_id UNIQUE (visit_id)
);
```

読むとわかるように、Visit テーブルの定義の中に

```
visit_id INTEGER PRIMARY KEY AUTOINCREMENT,
```

という行が書かれています。説明の中にも「ユニークな id を生成するよくあるやり方は AUTOINCREMENT を使うことだ」と書かれていますので、それが反映されているわけですね。

ここでは Grimore を単なるチャットの延長として扱っていますので、この程度までなら普通の ChatGPT でもできるかもしれません。しかし Grimore の真骨頂はもっと違う使い方にあります。実は、Grimore は仕様を指定すると、ウェブアプリケーションを丸ごと生成してくれるのです。

ここではポイントシステムを離れ、別の例題としてオセロゲームを作ってみることにしましょう。

```
# タスク
Reversi プログラムを生成する。
# 操作
画面上にボードを表示してマウスクリックでゲームが進むようにする。
白と黒の数が常に表示されているようにする。
```

この結果、index.html と script.js の2つのファイルを提案してきて、index.html をウェブブラウザで開くと、ものすごく雑なリバーシ（オセロ）風ゲームが立ち上がりました。しかし残念なことに、この時点では動きませんでした。

そこで、

1. 動かないことを報告して、エラーメッセージを伝える
2. 石の形が丸くなかったので丸くするように指示
3. 次に置ける場所を示すように指示
4. 現在どちら（白黒）の番かがわかりにくかったので表示するように指示
5. 黒の数、白の数を表示するように指示
6. チェックボックスを付けて、それがONのときには白手番をコンピューターが計算するように。ただしコンピューターの打つ手は、もっとも多くの石がひっくり返るように選ばれる
7. 勝者が決まったら「xxx wins!」と表示する
8. Start Over ボタンを付けて、それを押したらゲームを終えて最初から

といったプロンプトを次々に投入して、途中動作を確かめながら改良を進めました。結果の画面が以下です。

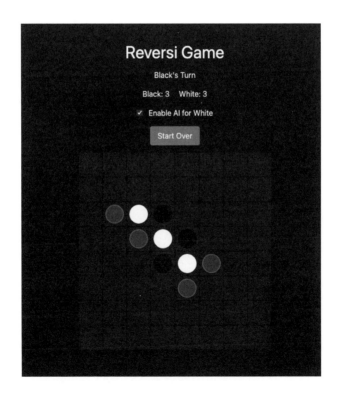

ここではもちろん、全部のプロンプトをまとめて「仕様」として投入することもできたでしょう。

　逆方向から考えてみましょう。ここまで生成した時点で、この最終結果を一度に生成するようにするにはどのようなプロンプトを投入すればよいか、と質問してみるのです。

> ここまで少しずつ改良して来ましたが、もし上記最新版のプログラムを一度のプロンプト投入で得ようとした場合には、どのようなプロンプトを投入するべきだったでしょうか？

　この結果として得られた出力が以下です。

タスク
次の要件を満たすリバーシゲームをHTML、CSS、JavaScriptで実装してください。

HTML
タイトルを表示する。
現在のプレイヤー（黒または白）を表示する。
各プレイヤーのスコア（黒と白）を表示する。
白の手番をAIが担当するためのトグルスイッチを表示する。
ゲームをリセットするための「Start Over」ボタンを表示する。
8x8のゲームボードを表示する。
勝者を表示するためのメッセージエリアを用意する。

CSS
ゲームボードを8x8のグリッドとして表示する。
各セルは正方形で、中央に丸いディスク（黒または白）を表示する。
次に置ける場所を示すためのハイライトを丸い形で表示する。
ボタンやテキストは見やすいデザインにする。

JavaScript
ゲームの初期状態を設定し、ボード上に初期配置のディスクを表示する。
セルをクリックすると、現在のプレイヤーのディスクを置き、適切に反転させる。
置ける場所をハイライト表示する。

> プレイヤーを交代し、スコアを更新する。
> トグルスイッチがオンの場合、AIが白の手番を行う。
> AIは反転する石の数が最も多くなる場所にディスクを置く。
> ゲームが終了した場合、勝者を表示する。
> 「Start Over」ボタンをクリックすると、ゲームをリセットする。

これで得られた index.html、styles.css、script.js を使った実行結果は以下のようになりました。

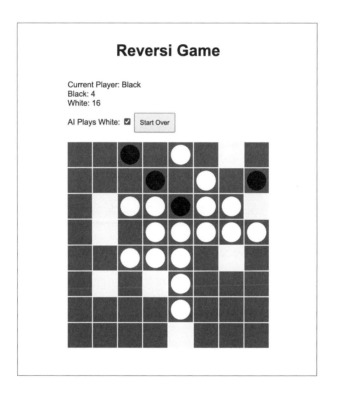

次に置ける場所をハイライトするという部分が少し期待とは違いますが、機能的には再現されています。

ここで行ったことは、

1. 一度に生成できないアプリケーションでもプロンプトを重ねて少しずつ作成していくことができる

2. 一通り形ができたところで仕様としてプロンプトを逆生成することもできる

という例でした。

　上で見たように自然言語を使った仕様の逆生成／再生成は、行うたびに小さな差異が生じてしまいます（なお生成の「創造性」を下げるようにパラメータを設定すれば、再現性が高くなりますが、通常はチャット画面からはコントロールできません）。これは生成AIを使う限り避けがたいことです。

　なお、マイクロソフトのCopilotは2024年9月現在、以下のような選択が可能です。

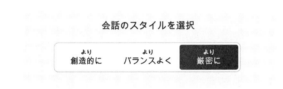

　このように「より厳密に」が選ばれていた場合には、同じプロンプトに対する答の再現性が高くなります。

　この流れではインテリジェントエディタの節で示した図がほとんど流用可能です。

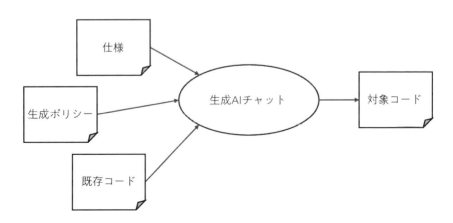

概念的にはインテリジェントエディタの部分が「生成AIチャット」に置き換わっただけのように見えます。エディタの場合は常に成果物を編集しているという視点でAIを使っていましたが、生成AIチャットの場合は履歴を残しながら対話を通じて試行錯誤と生成を行っていくことになります。

専用ツールによるアプリケーション生成

汎用エディタではなく、アプリケーション生成用の専用ツールを使うという方向性も出てきています。たとえば画面定義と振る舞いを定義することでアプリケーションが生成されるような仕組みです。

例として4章でも紹介したCreate.xyzというツールを紹介します。画面を定義して、機能を割り当てるというと昔懐かしいVisual Basicのようなものかとも思えますが、Create.xyzの場合は画面を自由にデザインするのではなく、あくまでもテキストの仕様から画面が生成されていき、機能も同じくテキストとして定義されます。

たとえばCreate.xyzの編集画面上で以下のような定義をすると、

```
# アプリケーション名：銀杏商店街アプリケーション

縦一列に項目を配置

表示項目: 会員ニックネーム、現在のポイント残高、お知らせ
ボタン: 会員情報、ポイント履歴、店舗一覧、QRコード表示

# 機能
・画面表示されたら現在のポイント残高とお知らせの表示
・会員情報ボタンが押されたら会員情報画面へ遷移
・ポイント履歴ボタンが押されたらポイント履歴画面へ遷移
・店舗一覧ボタンが押されたら店舗一覧画面へ遷移
・QRコード表示ボタンが押されたらQRコード画面へ遷移
```

次のような画面が定義されます。

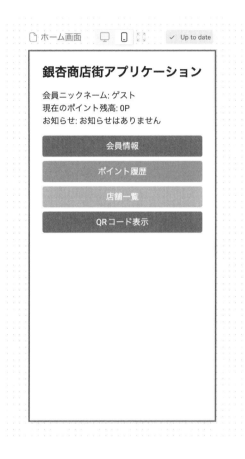

　さらに個別の画面の仕様（レイアウト情報と機能仕様）を定義していくと、実行可能なフロントエンドが生成されます。

　またビジネスレイヤー側の API を用意しておき、そのサービスを取り込むような指定をすることが可能です。必要なビジネスレイヤーのAPIを用意しておき、それを Create.xyz 側から部品として取り込んで使うことができるわけです。

　Create.xyz では複数の画面上で共通して使われる、複数の部品を組み合わせた大きな部品を「コンポーネント」という形でさらに部品化し

て再利用できます。コンポーネントをテキストで指定するだけで、かなり複雑な部品を取り込むことができるようになります。

下の図は Create.xyz がサンプルとして用意している複雑な画面定義例です。

左側がアプリケーション画面の様子ですが、これは右側のテキストによる定義に基づいて生成されたものです。詳細はここでは述べませんが、様々なコンポーネントを取り込んで画面が構成されていることが示されています。

こうした自然言語で書かれたアプリケーション仕様や、ビジネスレイヤー仕様を与えることで、プログラムを生成してくれるツールはこれから（2025年以降）もっと多くなると思われます。

自由度はそれほど高くはありませんが、社内向けのシンプルなアプリケーションを作るだけならこれで十分というケースも多くなるかもしれません。

それでもアプリケーション仕様やビジネスレイヤー仕様は何らかの手段で作り出す必要があります。

エージェントによるアプリケーション生成

2024年9月の時点では、AIエージェントと呼ばれる種類の仕掛けを使ってシステム全体の生成を任せてしまおうという動きも出ています。少なくともデモのレベルでは、「これこれの機能を満たすウェブサイトを作成して」という指示を与えると、AIエージェントが判断してアーキテクチャを決定し、実装もしてくれるという仕掛けのようです。

たとえば有名なものに「Devin」（https://www.cognition.ai/）と呼ばれるAIエージェントがあります。まだ一般に使えるものではないものの、そのデモ映像は多くの開発者の興味を惹きつけているようです。

ただし、こうしたものは大変夢がある話ですが、少なくとも現時点では「仕様策定の後半以降」を行ってくれるもののようです。すなわち、本書で言えばTiDが策定された段階で、そこまでの定義を引き継いで、詳細な仕様を生成して設計実装するもののようです。

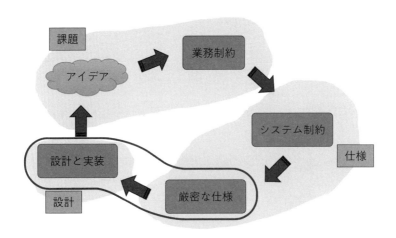

これは何を意味しているのでしょう。相変わらず課題から仕様の前半（ワークフロー、ユースケース）あたりまでは別の手段で定義して、そのあとAIエージェントに作成を依頼する、ということです。

もちろん、その部分が省力化できるようになれば生産性向上に大きく寄与できると思います。それでもなお、現在発表されているAIエージ

ェントを適用するには、上記ループの前半は人間が、もしくは本書で説明したように人間とAIが協力して定義する必要があるでしょう。

　もっとも知見が溜まっていけば、課題分析を支援するエージェント、仕様策定前半部分を支援するAIエージェントも生まれてくるかもしれません。それでも「課題を分析して、要求をまとめて、仕様が作られていく」という過程そのものは最後まで残るでしょう。なぜならそれぞれの段階で人間が介入して検証を行う必要があるからです。

　検証については次の章で説明します。

> **Column**
>
> ### ノーコード、ローコードと生成AI
>
> 　生成AIへの関心は2022年末にChatGPTがリリースされて一気に高まりましたが、それまでは「ノーコード」あるいは「ローコード」と呼ばれる開発環境も注目されていました。ノーコード、ローコードの定義は曖昧なようですが、ここでいう「ノーコード、ローコード」とは「あまり実装コードを書かなくても、アプリケーションを作成できる仕組み」を指しています。
>
> 　生成AIの登場により、様々なノーコードあるいはローコードのベンダーが自社ツールに生成AIを取り込もうとしています。現状では、どのように生成AIを組み込むかは、まだ定番のやり方はないようです。
>
> 　多くの場合、ノーコードやローコードの環境から生成AIのAPI部品を呼び出して仕事を依頼できる部品を用意するという段階にとどまっています（2024年9月現在）。または生成AI側から、ノーコードやローコードの環境が提供するAPIにアクセスする、さらには相互に呼び合うというスタイルのものも存在しています。
>
> 　これらはサービスとしてお互いを使っているだけで、ノーコードやローコードの環境が担っていたアプリケーション開発そのものに生成AIが活用されているわけではありません。
>
> 　そもそもこれまでのノーコード/ローコード環境は、構築できるアプ

リケーションの自由度をある程度狭めることで、比較的簡単なパラメータ定義を人間が行えばシステム開発ができるという方向性のものでした。しかし、生成AIの登場によって、上位の目標（What）をきっちりと仕様の形で示せば、アプリケーション/システムがある程度自由に生成できる可能性が出てきたために、これまで「仕方がない」とあきらめられていた自由度の提供がノーコード/ローコード環境に求められるようになるかもしれません。

　ノーコードやローコードのベンダーも生き残りをかけて必死ですので、やがて生成AIをシステム開発に十分活用したノーコード/ローコード環境が登場するでしょう。その場合のノーコード/ローコード環境は現在のものよりも柔軟性がはるかに高いものになっていると思われます。

　しかし仮にそうなったとしても、本書で考えてきた流れは十分に活用できるはずです。課題を検討し、仕様を作成する、という流れ自身は実際にどのように実装するかという話とは切り離されているからです。もちろん実装方法が課題や仕様の検討にある程度影響を及ぼすことは避けられません。たとえばモバイル機器の存在は、「場所」の概念を一変させました。141ページのコラム「4WDとTiD」でも触れたようにTiDの原型は1990年代に考えたものなのですが、そのころは現在のようなモバイル機器はほぼ存在していませんでした。なので「場所」というのは基本的に物理的な場所（事業所、店舗、窓口など）でした。窓口に行くと受付機があって、受付インターフェイスを係員さんが操作してくれていたわけです。

　しかし現在では、モバイル機器そのものが「場所」となり、その上にインターフェイスが置かれています。アクターは一般利用者そのもので、インターフェイスは個別のモバイルアプリの画面となっています。

　それでもTiD/シナリオで記述する、アクター ⇒ インターフェイス ⇒ ビジネスロジック ⇒ データ という流れは、事務処理という文脈を考えている以上は大きくは変わりません。

　AIエージェントの説明でもお話しましたが、仕様策定の半ばまではノーコード/ローコードツールを使うまでに終わらせておく必要があります。

解説：「設計と実装」の振り返り

　この章では、仕様策定の結果に基づいてどのように設計・実装を進めるかについて、いくつかのヒントを紹介しました。生成AIは様々な設計・実装活動を助けてくれますが、テキストの入出力が一番得意なこともあり、テキスト表現での成果物生成のほうが（図式での成果物生成よりも）よりよい結果を期待できます。

　その意味でソースコードはテキストそのものですので、大いに助けてもらうことが可能です。「生成AIを使ったコード生成」のセクションでは様々な使い方を紹介しました。

　成果物がテキストなら、プログラムのソースコード以外のものも生成可能です。たとえば一般に「インフラストラクチャ自動化ツール」または「インフラストラクチャ・アズ・コード（Infrastructure as Code, IaC）ツール」と呼ばれるツール群はインフラストラクチャの定義を「コード」で行います。

　こうしたものの定義を生成AIに助けてもらうことはかなり有効な手法です。IaCに限らず、様々な開発ツールの操作や設定方法、多彩なライブラリの使い方、サンプルなども生成AIを使って知ることが可能です。オープンソースのおかげで世の中には数多くの良質なコードが存在していますので、その知識を読み込んだ生成AIを活用しないのはもったいない話です。

　それ以外にも身の回りの「テキスト」を眺めてそれが生成AIによる手助けが可能なものかを考えることには価値があります。

　しかし、そうして活用するシーンでは常に信頼性の問題がつきまといます。生成AIは恐ろしく優秀ですが、その生成物を盲目的に信じることはできません。必ず人間なり別のツールなりを用いた検証を行う必要があります。

　検証については次章で説明します。

> Column

図式（ダイアグラム）とテキスト表現

　本章で説明した、アーキテクチャをはじめとしたモデルは、UMLやSysML、Archimateなどのモデル言語を使って記述できます。

　ただ、図を見るとわかりやすい気はするものの、実際に厳密な理解や修正がしやすいとは限りません。これは図を中心としたモデルはどうしても表面的な形式（構文）が整うことに注意が向きがちで、その図の持つ「意味」の表現がどうしても手薄になりがちだからです。そして多くの場合、図式表現は対象のある性質を特にわかりやすく表現するために描かれるので、それ以外の性質を無理やり埋め込むと図式としてもわかりにくくなってしまいがちです。

　きちんとしたモデリングツールを使って隅々まで厳密に定義することも可能ですが、必ずしも図を使った編集作業が人間にとってやりやすいとは言えないのです。

　図式表現にはよい点もあります。それは構造や関係を直感的に理解しやすいということです。その意味で、膨大なテキスト記述（モデルとしてのテキスト記述を含む）から、必要に応じて構造や関係を図式化してもらうことはとても有効です。生成AIは、それを可能にしてくれそうです。膨大な情報を必要に応じて整理して図式化してくれる能力は、特に「説明」の場面で力を発揮してくれるでしょう。

　現在のところ「モデルの図を視覚的に読み込んで、テキスト表現にする」機能にはいろいろと限界があるので、「テキスト表現から説明のための図を生成する」使い方のほうがお勧めできます。そのうち複雑なモデル図を視覚的に読み込んでモデリングツールで読み込み可能になるかもしれませんが、2024年9月時点ではまだまだです。

　たとえば以下のような状態遷移図を「図として」生成AIに読み込むと、まあまあ読み込みはするものの、細部にいろいろと間違いが発生します。（GPT-4o, Gemini Pro 1.5, Perplexity Pro, Claude3 Opusいずれでも）。

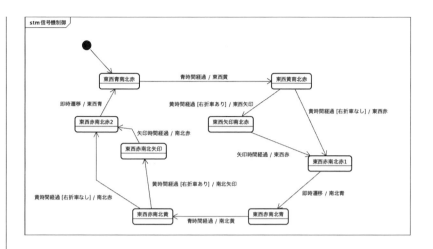

本来モデリングツールがあるならそのモデルデータを直接受け渡して解析すればよいのですが、なぜか「紙」とか「画像」を受け取ることも多いのです。

> Column

プロンプトエンジニアリング

どのようなプロンプトを使えばよい答を生成AIから引き出せるのかについては、今では検索すれば山のように多くの結果が見つかります。本書でも

(1) 生成AIに割り当てたい役割
(2) 前提条件や背景情報
(3) 生成する成果物とその出力形式
(4) 仕事の遂行のために不足している情報があれば質問をするように生成AIへ促す

という基本要素を最初に紹介し、途中様々な例も紹介してきました。こうしたプロンプトの工夫を「プロンプトエンジニアリング」と呼んだりします。

たとえば上の(1)～(4)は、書き方（How）の工夫を示したもので

す。検索すると多くのバリエーションが見つかります。ではこうした工夫をどれくらい「勉強」すればよいのでしょうか？

　実は、人間がいろいろな「書き方」（How）を工夫するよりも、プロンプトの書き方そのものも生成AI自身に手伝ってもらう方が有効です。実際のところ特に（1）～（3）は生成AIに、自分が何をしたいのか（What）を伝えるためのものです。生成AIに何かを伝えるときに大事なのはWhatの中身であって、Howの工夫ではないのです。

　たとえば生成AI自身に対して、手持ちのインタビュー結果を与えて単純に「BMCのたたき台を作ってください」と依頼することは可能ですが、結果の精度はそれほど高くないかもしれません。このようなときにはすぐに実行する前に「利用者インタビューの結果を解析して、BMCのたたき台を得るためのプロンプトを提案してください」という依頼を行ってみてください。直接依頼するのではなく、依頼するためのプロンプトをまず生成するのです。

　ここではスペースの関係で結果を示しませんが、Claude 3.5 Sonnetの場合、インタビュー結果を使ってBMCのたたき台を導出するための、詳細な12個のプロンプトを示してくれました。この12個のプロンプトを「改めて」生成AIに与えることもできますし、ChatGPTの提供するGPTsのような仕組みや、Dify（223ページ参照）を使ったAIワークフローに組み込むことも可能です。

　このようにプロンプトエンジニアリングも生成AI自身に手伝ってもらうのがとても有効なのです。

第 6 章

検証

解説：正しさの2つの側面

　ここまで、生成AIを伴走者としてソフトウェア開発の流れを追ってきました。生成AIはとても便利で使いこなせば頼りになる道具ですが、残念ながら常に正解を出せるわけではありません。大量の「もっともらしい」回答がすぐに得られますが、その大部分は合ってはいるもののあくまでも未検証のアイデアだという気持ちで取り組んだほうがよさそうです。

　いずれにせよ、人間の作るモノ、生成AIの作るモノ、そのほかの手段で作るモノにかかわらず、作られたモノが「正しいか否か」は何らかの手段で確認する必要があります。

　では「正しいか否か」とはそもそもどのようなもので、どのように確認されるものなのでしょう。

　哲学的・倫理的な正しさの議論は脇に置くとして、ソフトウェア開発における「正しさ」には2種類があります。それは、
1.「正しいものを作っているか（作ったか）？」
2.「正しく作っているか（作ったか）？」
です。

　何だか同じことを言っているように聞こえますが、この2つには違いがあります。

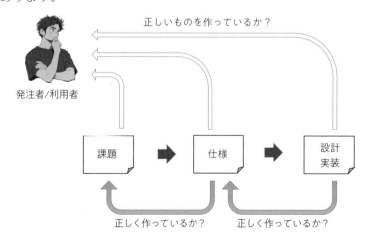

第6章　検証

「正しいものを作ったか？」はそもそもこのプロジェクトの生み出す成果物が、もともとの課題を解決しているのかという問いです。すなわちこれは、課題を抱えている人（発注者、利用者）の視点なのです。課題を抱えている人にとっては、究極的にはできあがった成果物が自分の課題を解決してくれるか否かだけが問題です。どんなに素晴らしい見栄えのシステムができあがっても自分の課題をうまく解決してくれなければそれは「正しくない」のです。

これに対して「正しく作ったか？」という問いは、先の図で言えば直前の「箱」が要求するものを後続の「箱」が満たしているかを確認することで答えることができます。つまりこれは、開発者の視点ということができます。複雑なシステムを一度に作ることはできませんから、多くの場合は部分的な検討を行いながら段々と詳細化を進めます。

仕様が求めるプログラムが作成され、そのプログラムの動作が実際に仕様を満たしていれば、それは「正しく作られた」と言われます。

これでも十分に単純化していますが、本書のストーリーをさらに単純化して当てはめてみると、次のような図を描くことができます。最初に「ポイントシステム構想」があり、それを「モバイルを使ったポイントシステムの仕様」として実現することを検討し、最後にそれを実際の「モバイルポイントシステムアプリ」として実装しました。

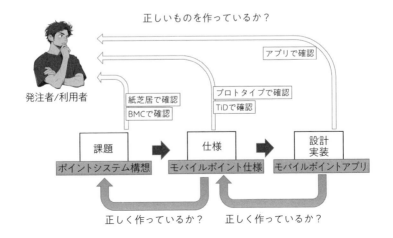

185

本書のストーリーの中で星見と緋村で行っているのは、「正しいものを作ったか？」の確認なのです。たとえば要求へのインタビューが行われた結果、本書ではBMC（ビジネスモデルキャンバス）という形でまとめられ、その内容を星見と緋村が確認しています。同様にTiDの検討を行った際にも星見はシステムの実装方法そのものを緋村に説明していたのではなく、このTiDがどの課題の解決に役立っているのかを緋村に説明し確認していました。

　星見が説明した問題解決のストーリーを、緋村が自分の課題を解決するという視点で確認していったのです。本書では細かいビジネスモデルや数字の動きを追ったわけではありませんでしたが、緋村の側が最後に気にするのは、システムがきちんと動作するのはもちろんですが、ポイントシステムを導入した際の実際の顧客の流れや、実際どのように店舗や顧客に受け入れられて実際のリピーターを増やせるかということのはずです。

　一方、開発者である星見は、緋村と一緒に「正しいものを作っているか？」という意識を常に保ちつつも、課題から仕様へ、仕様から設計へというステップそれぞれで「正しく作っているか？」を開発者の視点で確認し続けなければなりません。

　この2つの視点の違いをソフトウェア工学の泰斗バリー・ベーム（Barry W. Boehm）氏は以下のように説明しています（B. W. Boehm. 1979. Guidelines for Verifying and Validating Software Requirements and Design Specifications. In Euro IFIP 79, P. A. Samet (Ed.). North Holland, 711-719.)

- Validation：Are we building the right product?
（正しいものを作っているか？）
- Verification：Are we building the product right?
（正しく作っているか？）

　では、このValidation（正しいものを作っているか？）とVerification（正しく作っているか？）という視点に沿って、それぞれをもう少し詳しく説明しましょう。

妥当性確認（Validation）

Validation は妥当性確認という訳語をあてられることが多いので、ここでは妥当性確認と呼びます。

上でも説明したように、妥当性確認は「正しいものを作っているか？」という確認なので、もともと課題側で提示されていた各種の問題の解決に、作られたものが寄与できているかを確認することです。

この確認は開発者の手助けを受けながら、発注者側の責任で行うことになります。自分の解決したい問題に目を光らせながら、できあがってくるシステムが問題解決に寄与できるかを確認し続けなければなりません。

生成AIはこのような場面ではどのように使うことができるでしょうか？成果物が当初の目的を果たしているかを確認する手伝いをしてもらうために使用できます。この目的のために、たとえば生成AIと以下のような対話をしてみましょう。新しいスレッドなので TiD の定義は知らないと仮定して TiD の定義をまず与え、BMCとの対応関係を整理してもらいます。

> /* TiDの定義文書を添付しつつ */
> 次に独自手法の TiD に関する情報を与えます。TiDは一種の拡張ユースケースですがビジネスモデルキャンバスによる価値提案と主要活動を、実際の業務の形に展開するためのフレームワークです。この TiD の定義を読んで理解してください。

これで次の出力が得られました。

> TiDの定義を読んで理解しました。TiDはビジネスモデルキャンバスとユースケースの中間に位置する手法で、ビジネスの価値提案と主要活動を、実際の業務シナリオレベルまで具体化するためのフレームワークだと捉えました。
>
> ビジネスモデルキャンバスとTiDの関係をまとめると以下のようになるでしょう。
>
> 1. ビジネスモデルキャンバスの「価値提案」と「顧客セグメント」が、TiDの「アクター」と対応

- TiDのアクターは、ビジネスモデルキャンバスで定義した顧客像を具体的な業務シナリオの中で表現したもの

2. ビジネスモデルキャンバスの「主要活動」が、TiDの「シナリオ本体」「ビジネスロジック」と対応
　- TiDのシナリオ本体とビジネスロジックは、価値を生み出すための中核的な活動を業務フローとロジックのレベルで表現したもの

3. ビジネスモデルキャンバスの「チャネル」「顧客との関係」が、TiDの「インターフェイス」「プレース」と対応
　- TiDのインターフェイスとプレースは、顧客に価値を届け、関係性を築くための接点を具体的に表現したもの

4. ビジネスモデルキャンバスの「主要リソース」が、TiDの「データモデル」や「他システム」と対応
　- 価値を生み出すために必要な情報資産や連携システムを、TiDではデータ構造や外部システムとして定義

このように、ビジネスモデルキャンバスで定義したビジネスの骨格を、TiDではより詳細な業務シナリオとシステムアーキテクチャのレベルに落とし込んでいくイメージです。ビジネスモデルをブレイクダウンしてシステム化要件を導出する際の架け橋として、TiDは有用なフレームワークになり得ると考えられます。

　このようにして、BMC（課題の最終段階）とTiD（仕様の前半段階）との関係を生成AIと確認しました。
　ここで作成したTiDが、定義したBMCに対して妥当であるか（すなわち「正しいものを作っているか？」）を確認してみましょう。次のプロンプトで生成AIに聞いてみます。

```
/* 銀杏商店街ポイントシステムの現在できているBMCとTiDを添付しています */
#前提条件
現段階で定義されたBMC（ビジネスモデルキャンバス）とTiDを与えます。

#前処理
```

> TiDをBMCが提示した課題の解決という視点でレビューする際の各種観点を抽出してください。
>
> #タスク
> 与えたTiDの内容 を与えたBMCが提示した課題の解決という意味で、観点ごとにレビューしてください。

この結果、次のような出力が得られました。

まず、BMCとTiDをレビューするための観点を以下のように抽出しました。

1. 顧客セグメントとアクターの対応
2. 価値提案とシナリオの関連性
3. チャネルとインターフェイス・プレースの整合性
4. 顧客関係とアクターとのインタラクション
5. 収益の流れとポイントシステムの連動
6. 主要リソースとシステム・データモデルの適切性
7. 主要活動とビジネスロジックの網羅性
8. 主要パートナーシップと他システムとの連携
9. コスト構造とシステム運用の現実性

次に、抽出した観点に基づいてTiDをレビューします。

1. 顧客セグメントとアクターの対応
　- TiDでは「顧客」と「店員」が主要なアクターとして定義されており、BMCの顧客セグメントを適切に反映できている。
　- 一方で、「地域外からの訪問者」など、BMCで定義された一部の顧客セグメントに対する施策がTiDでは明示的でない。

2. 価値提案とシナリオの関連性
　- ポイント制によるリピート特典や利便性向上といったBMCの価値提案が、TiDの各シナリオ（会員登録、ポイント登録、ポイント利用）に反映されている。
　- ポイントを利用した特典交換やイベント参加など、BMCで提案された一部の価値がTiDでは具体的になっていない。

3. チャネルとインターフェイス・プレースの整合性

- BMCで定義されたスマートフォンアプリや店舗アプリが、TiDのインターフェイスとプレースに適切に反映されている。
- 一方、BMCで言及されているウェブサイトやSNSについては、TiDでは触れられていない。

4. 顧客関係とアクターとのインタラクション
- TiDのシナリオには、顧客と店員の直接的なインタラクションが含まれており、BMCの顧客関係の一部を実現できている。
- ただし、BMCで言及されているパーソナライズされたコミュニケーションや顧客満足度調査などは、TiDでは明示的でない。

5. 収益の流れとポイントシステムの連動
- TiDのポイント登録とポイント利用のシナリオは、BMCの収益の流れを実現する基盤となっている。
- ただし、店舗間の収益分配モデルなど、BMCで言及されている一部の収益面がTiDでは具体的になっていない。

6. 主要リソースとシステム・データモデルの適切性
- TiDで定義されたポイントシステムや各種データモデルは、BMCの主要リソースを適切に反映している。
- 人的リソースについては、TiDでは事務員のみが登場しており、BMCで言及されているアプリ開発者やデータアナリストなどは明示的でない。

7. 主要活動とビジネスロジックの網羅性
- 店舗登録、会員登録、ポイント登録、ポイント利用といったTiDのビジネスロジックは、BMCの主要活動を十分にカバーしている。
- 一方、BMCで言及されているマーケティングキャンペーンなどの活動は、TiDでは直接的に表現されていない。

8. 主要パートナーシップと他システムとの連携
- TiDでは外部システムとの連携が明示的に言及されておらず、BMCの主要パートナーシップとの対応関係が不明確である。
- アプリ開発会社やクラウドサービス提供者など、BMCで定義された技術パートナーとのインターフェイスをTiDでも具体化する必要がある。

9. コスト構造とシステム運用の現実性

> - TiDで定義されたポイントシステムのアーキテクチャは、BMCのコスト構造を反映した現実的なものになっている。
> - ただし、BMCで言及されている初期開発費用や運営費などについては、TiDでは明示的に触れられていない。
>
> 以上のレビューから、提案されたTiDは、BMCの主要な要素を適切に具現化しており、ポイントシステムによる顧客ロイヤルティの向上と利便性の向上というビジネス課題の解決に寄与すると評価できます。
> 一方で、マーケティング施策や顧客コミュニケーション、パートナーシップ管理など、BMCの一部の要素がTiDに十分に反映されていない点は、今後の詳細化における課題と言えるでしょう。TiDとBMCの整合性を高めるためには、抽象度の異なる両者の間の対応関係をより明示的にマッピングしていくことが重要だと考えられます。

　ここまでの時点で定義された TiD を、BMC と突き合わせて考えたときの対応関係が、抽出された観点からレビューされています。

　レビュー内容を見ると、BMC で定義された諸問題に TiD がどのように対応しているかがまとめられています。対応していると書かれているところもあれば、対応関係が不明瞭と書かれているところもあります。実際 TiD では書かれていないものもありますが、現在開発しようとしているシステムではなく別の対応を考えるものもあるので、書かれていないことそのものが問題なのではなくて、「現段階では問題の受け取り手がない」ということが認識されることが大事なのです。

　このレビューを受けて BMC 側、あるいは TiD 側を人間が再確認・修正していくことになります。もし TiD が修正されると、それはアプリケーション仕様、ビジネスレイヤー仕様に影響を与え、実装にも影響が及びます。これらはそれぞれしっかりとバージョン（版）管理ツールや構成管理ツールなどを用いて追跡されなければなりません。

　この例では手抜きでレビュー観点そのものも生成AIに抽出してもらっていますが、もちろん人間が与えることも可能です（むしろそのほうが多いでしょう）。多くの場合はまず機械もしくは人間が与えたレビューの観点の原型を、さらに人間が生成AIの助けを借りながら洗練して

いくことになるでしょう。もちろん「レビューの観点そのもののレビュー」も必要なので厳密にはこの作業には終わりがありません。

これらの関係を簡単に図式化すると以下のようになります。

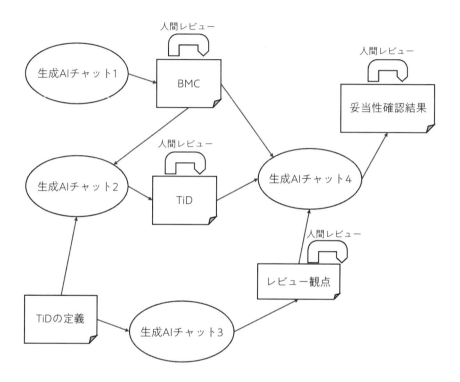

ここで「生成AIチャット」に便宜的に1〜4の番号を振っていますが、実体は同じものです。「生成AIチャット4」が妥当性の確認結果（上のレビューの出力結果）を出しています。上のレビューではレビュー観点そのものも「生成AIチャット4」相当の部分で生成していましたが、上の図のように別途「生成AIチャット3」から生成することも可能です。

いずれの場合も生成AIチャットの出力は人間（機械のアシストを受ける可能性もあり）によるレビューがついていることに注意してください。

妥当性確認は開発の各段階で行うことができますが、上でも書いたよ

うにそれは発注者側の視点で行われる必要があります。その意味では仕様策定の後半のアプリケーション仕様やビジネスレイヤー仕様、ソースコードや動かない画面のスケッチだけを見せられても発注者側が判断することは難しいということになります。

　これまでの開発はドキュメント上での紙芝居や、モックアップ画面や帳票を使った疑似確認、プロトタイプを実行しての確認などを行っていましたが、生成AIの登場のおかげで、以下に示すように、実際に定義されている詳細な仕様に対して質問できる可能性が出てきました。

　少し細かい話になりますが、以下にある機能仕様を示します。これは仕様策定の最後の方にも出てきた形式仕様記述言語 VDM-SL による仕様です。

　ここではメールボックスに受信メールを追加する仕様を記述しようとしています。説明のために大幅に簡素化されていますが、添付ファイルがすべて安全ならメールボックスに受信メールが追加されるという仕様が記述されています。

```
-- VDM-SLによる形式仕様記述
types
  message = seq of char;
  attachment = seq of char;
  mail = message * seq of attachment;
  inbox = seq of mail;

functions
  putinbox: inbox * mail -> inbox
  putinbox(ib, m) == is not yet specified
  pre
    true
  post
    if (forall a in set elems m.# 2 & isSafe(a)) then
      RESULT = ib ^ [m]
    else
      RESULT = ib;
```

```
isSafe : attachment -> bool
isSafe(a) == is not yet specified;
```

　何の説明もないと読み解くのは難しいかもしれませんが、たとえばこの仕様記述を「プログラマー向け」に解説してほしいというプロンプトを入力すると、次に示すような説明が生成されます。この解説は仕様を読んで実際のプログラムを実装するプログラマーの役に立ちます。実際は、上のような厳密な仕様から直接プログラムを生成する流れがこれからは増えていくと思われるので、プログラマーが設計／実装に以下のような説明を直接使う機会は減るかもしれません。それでも、この仕様が何を意味しているかを厳密に定義しつつ人間のエンジニアにもわかりやすい形で説明するという需要は、しばらくは残るでしょう。

以下に、添付された VDM-SL で記述された関数 `putinbox` の仕様を説明します。

VDM-SL 仕様の概要

型定義
1. `message`：文字のシーケンス（テキストメッセージを表す）。
2. `attachment`：文字のシーケンス（添付ファイルを表す）。
3. `mail`：`message` と `attachment` のシーケンスの組み合わせ（メールを表す）。
4. `inbox`：`mail` のシーケンス（受信箱を表す）。

関数定義
1. `putinbox` 関数：
  - 型：`inbox * mail -> inbox`
  - 説明：`putinbox(ib, m)` は、メール `m` を受信箱 `ib` に追加する関数です。
  - 事前条件（`pre`）：常に真（`true`）。
  - 事後条件（`post`）：以下の条件に基づいて結果を決定します。
    - すべての添付ファイルが安全（`isSafe`）であり、添付ファイルの数が 2

以下の場合、`m` を `ib` に追加します。
    - 上記の条件を満たさない場合、`ib` は変更されません。

2. `isSafe` 関数:
  - 型：`attachment -> bool`
  - 説明：添付ファイル `a` が安全であるかどうかを判定します。

`putinbox` 関数の仕様詳細

`putinbox` 関数の事後条件を具体的に説明します。

- `forall a in set elems m .# 2 & isSafe(a)` という条件を確認します。
  - `elems m` は、メール `m` に含まれるすべての添付ファイルを表します。
  - `m .#` は、メール `m` の添付ファイルの数を表します。
  - `isSafe(a)` は、添付ファイル `a` が安全であるかを判定する関数です。

- 条件が真の場合、つまりすべての添付ファイルが安全であり、添付ファイルの数が2以下である場合：
  - `RESULT = ib ^ [m]`：受信箱 `ib` に新しいメール `m` を追加します。

- 条件が偽の場合：
  - `RESULT = ib`：受信箱 `ib` は変更されません。

`isSafe` 関数の仕様詳細

`isSafe` 関数の定義はまだ具体的に指定されていません。通常、このような関数はウイルススキャンや内容検査などの安全性チェックを行うことを意味します。

この仕様は、受信箱に新しいメールを追加する際に、添付ファイルの安全性と数を検証するためのものです。このプロセスにより、安全でない添付ファイルや過剰な数の添付ファイルが含まれるメールの追加を防ぐことができます。

　先に挙げたコンパクトな形式仕様記述は、実際に「実行」して仕様段階で動作させることが可能です（isSafeの内容を決めておく必要がありますが）。これは一種の機能的プロトタイプとして考えることができま

す。世の中にはビジネスレイヤー仕様を VDM で記述した実プロジェクトへの応用例も存在しますが、ここではそちらには立ち入りません。

たとえば「メールボックスへのメール受信時の仕様」に関して、利用者目線での以下のような疑問が出されたとします。

この仕様のもとで、添付ファイルのないメールを受信すると何が起きるのでしょう？

利用者（発注者）は、ソースコードの中身はどうであれ、外部からの操作に対してどのような振る舞いが行われるのかを確認したいと思っています。これも「妥当性確認」の一種です。定義された仕様に向けていろいろと「利用者視点」での質問をしてみたいのです。

これまではこうした質問に対しては、人間のエンジニアがドキュメントを調べて回答するという方法しかありませんでした。こうしたQ&Aは議事録などに残されて参照できるような形にされてきたのです。

ということで、先の VDM-SL のような仕様がある中で、質問をしてみましょう。

> このVDM-SL仕様のもとで、添付ファイルのないメールを受信すると何が起きるのでしょう？

生成AIの出力は以下です。

> 添付ファイルのないメールを受信する場合、`putinbox` 関数の動作は以下の通りです。
>
> ### 仕様に基づく処理の流れ
>
> 1. **メール `m` の添付ファイルの確認**:
>   - 添付ファイルのシーケンスが空である場合（添付ファイルがないメール）。

2. **事後条件の評価**:
   - `forall a in set elems m .# 2 & isSafe(a)` の条件を評価します。
   - `elems m` は添付ファイルのシーケンスを表しますが、これが空である場合、集合 `elems m` も空集合になります。
   - 空集合に対する全称量化（`forall`）は常に真となります。なぜなら、空集合にはいかなる要素も含まれないため、条件に違反する要素が存在しないためです。
   - 添付ファイルの数（`m .#`）が0であり、0は2以下です。

3. **結果の決定**:
   - 条件が真であるため、`RESULT = ib ^ [m]` が適用されます。これは、新しいメール `m` を受信箱 `ib` に追加することを意味します。

結論
添付ファイルのないメールを受信する場合、そのメールは添付ファイルの安全性チェックに合格し、受信箱 `ib` に追加されます。

つまり、`putinbox` 関数は添付ファイルがないメールも受信箱に追加します。以下はその具体的な動作を示すコード例です。

```vdm
-- 型定義
types
  message = seq of char;
  attachment = seq of char;
  mail = message * seq of attachment;
  inbox = seq of mail;

-- 関数定義
functions
  putinbox : inbox * mail -> inbox
  putinbox(ib, m) ==
    is not yet specified
  pre true
  post
    if (forall a in set elems m .# 2 & isSafe(a)) then
```

```
    RESULT = ib ^ [m]
  else
    RESULT = ib;

 isSafe : attachment -> bool
 isSafe(a) == is not yet specified;
```
この仕様に基づいて、添付ファイルのないメールは受信箱に正常に追加されることが確認できます。

おっと、何も指定しなかったせいで生成AIはこちらをプログラマーだと想定して回答してきたようです。開発者ではなく利用者の視点で答えるように依頼してみましょう。

このVDM-SL仕様のもとで、添付ファイルのないメールを受信すると何が起きるのでしょう？
開発者向けではなく、利用者向けの視点で答えてください。

生成AIからの回答は以下のようなものでした。ややくどいですね(笑)。

VDM-SL仕様のもとで、添付ファイルのないメールを受信すると、利用者向けには以下のような動作が行われます。

利用者視点での説明

1. **メールの受信**:
   - あなたが新しいメールを受信したとします。このメールにはテキストメッセージのみが含まれており、添付ファイルはありません。

2. **受信箱への追加**:
   - システムはこの新しいメールを受信箱に追加します。添付ファイルがないため、特に安全性チェックなどの追加処理は必要ありません。

3. **受信箱の状態**:

> - 新しいメールは他のメールと同様に、受信箱の一番上に表示されます。これにより、すぐに新しいメールを確認することができます。
>
> ### 結論
>
> 利用者として、添付ファイルのないメールを受信する場合、それは通常通り受信箱に追加されます。特別な操作は必要なく、新しいメールはすぐにアクセス可能な状態になります。

　この直前の妥当性確認の例は、形式仕様記述言語を使うことできめ細やかな応答が可能になっています。

　仕様段階で妥当性確認ができる利点は、設計・実装のコストをかける前に、仕様段階で「正しいものを作っているか？」の問にある程度答えることができるということです。

　もう一度この図を見てください。

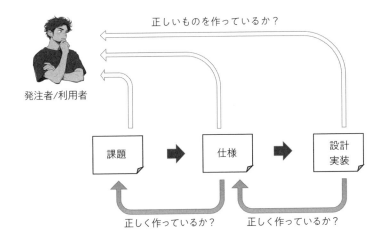

　この図の中で、「正しいものを作っているか？」の問いに答えるには、これまでは最後に作られたプログラムを受け入れ側が実際に動かして確かめるか、中間の成果物として作られた開発ドキュメントを一所懸命に読み込むか、開発者側に対する質問を行いそれに対して忙しい開発者が

開発の手を止めて答える必要がありました。

　生成AIはその状況を少しだけよくしてくれる可能性があります。それは開発途中の成果物に対して「質問」をできる可能性が出てきたということです。もちろん途中の成果物が未整理の文書に過ぎなければさすがの生成AIもまともな回答を行うことはできません。

　それぞれの目的を持って構造化された文書、モデルが中間で残されていることで、その成果物に対する質問を行うことができるようになります。

　これは2024年9月時点での流行りの言葉を使うならRAG（Retrieval-Augmented Generation：検索拡張生成）と呼ばれるものです。RAGは生成AIの持つ一般的な知識に加えて、特定の知識を与えて生成を行う技術ですが、システム開発の場合は中間成果物を与えていくことで、開発途中でも妥当性確認に使うことのできる様々な質問ができる可能性が出てきたのです。

正当性検証（Verification）

　Verificationには単なる「検証」（あるいは単なるテスト）という訳語があてられることが多いのですが、妥当性確認と並べたときにバランスが悪いのでここでは正当性検証と呼ぶことにします。

　正当性検証は開発ステップの各段階で、成果物が「仕様に対して正しく作られているか？」を検証する行為です。ここでいう「正しく作られているか？」を検証するためには、通常3つの手段が考えられます。

・**レビュー**（成果物を読み解いて人間が内容の善し悪しを判断する）
・**テスト**（仕様に対して正しい振る舞いをする成果物ができているかどうかを確認する）
・**証明**（仕様に対して書かれたコードが正しい振る舞いをすることを数学的に証明する）

　わかりやすいように、仕様とプログラムの関係を次のような図にしてみましょう。

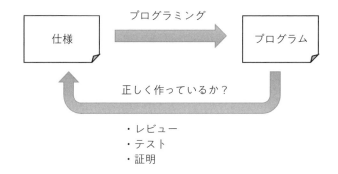

　証明は、文字通り正しく実装されていることを数学的に証明する手段です。極めて高い安全性や信頼性が求められ、誤動作によって莫大な被害が生じてしまうようなシステムの一部には証明が使われています。

　非常に実りの多い手法ではあるのですが、現在でも普通の開発現場で導入するには、教育面や実施面でのコストが高くあまり普及していません。よってここではこれ以上踏み込まないことにします。

　レビューとテストは違う観点で正当性検証を行います。

レビュー

　たとえばプログラムのレビューは以下のような観点から行うことができます。

1. コードの可読性

　命名規則：変数名、関数名、クラス名が適切で、一貫性があるか。

　コメント：必要な箇所に適切なコメントが記載されているか。コードの意図や複雑な部分が説明されているか。

　コードの構造：インデントやスペースの使用が適切で、コードが見やすく整理されているか。

2. コードの正確性

　仕様の遵守：コードが要求仕様や設計仕様を満たしているか。

ロジックの正しさ：アルゴリズムやロジックが正しく、期待通りに動作するか。
境界値の処理：境界値やエッジケースに対する処理が正しいか。

3. パフォーマンス
効率性：コードが効率的で、不要な計算や処理を行っていないか。
リソース管理：メモリーやCPUリソースの使用が適切か。

4. 保守性
再利用性：コードが再利用可能な設計になっているか。同じコードが複数箇所に重複していないか。
モジュール性：コードが適切にモジュール化されているか。単一責任の原則に従っているか。
依存関係：外部ライブラリやモジュールへの依存が適切に管理されているか。

5. セキュリティ
入力の検証：ユーザー入力や外部データの検証が適切に行われているか。
エラーハンドリング：エラーや例外が適切に処理されているか。
脆弱性：コードに潜在的な脆弱性（例：SQLインジェクション、クロスサイトスクリプティング）がないか。

6. テスト
ユニットテスト：ユニットテストが作成されており、テストカバレッジが十分か。
自動テスト：自動化されたテストがあり、定期的に実行されているか。
テストケース：テストケースが妥当で、多様な入力条件をカバーしているか。

7. ドキュメント

ドキュメントの整備：コードに関連するドキュメント（設計書、APIドキュメントなど）が整備されているか。

更新履歴：変更履歴やバージョン情報が記載されているか。

8. コードの一貫性

スタイルガイド：チームやプロジェクトで定められたコーディングスタイルや規約に従っているか。

フォーマッティング：コードのフォーマットが一貫しているか。

テストに関するレビューも行われていますが、これは行うテストの妥当性に関するレビューです。テストそのものの検討は次の節で取り上げます。

こうしたレビュー項目を生成AIに与えて、その観点からプログラムのレビューを行わせることも可能です。とはいえ一度に全部を与えても混乱するだけなので、観点別のレビュー用プロンプトを分けるなどの工夫をしたほうがよいでしょう。

このレビュー項目はまだ粗いので、個々のレビュー観点をさらに詳細化して、判断基準なども与えるとより精緻なレビューが得られることになるでしょう。

とはいえ、しつこく繰り返しますが、こうして得られた生成AIによるレビュー結果も盲信してはいけません。たとえば内容を複数の人間で読み合わせながら確認していくという作業が必要となります。

上で示したのはプログラムのレビュー項目を人間が用意したものですが、たとえばレビュー項目そのものをまず生成AIに用意してもらうことも可能です（もちろん人間のレビュー付きで！）。

例として、BMCを前提としてTiDのレビュー項目と注意点を生成AIにたずねてみましょう。

BMCを前提としたTiDのレビュー項目とその注意点を挙げてください

もちろんこのプロンプトを投入する前に、「TiDとは何か」という定義は与えています。

生成AIの出力は、たとえば以下のようになります。

BMCを前提としたTiDのレビュー項目と注意点を以下にまとめました。

1. 価値提案の反映
   - TiDのシナリオやビジネスロジックが、BMCの価値提案を適切に具現化しているか確認する。
   - 注意点：BMCの価値提案が抽象的である場合、TiDでの具体的な表現方法を検討する必要がある。

2. 顧客セグメントとアクターの対応
   - BMCの顧客セグメントがTiDのアクターとして適切に表現されているか確認する。
   - 注意点：BMCで定義された全ての顧客セグメントがTiDでカバーされているか留意する。

3. チャネルとインターフェイス・プレースの整合性
   - BMCのチャネルがTiDのインターフェイスやプレースとして適切に表現されているか確認する。
   - 注意点：BMCで定義された全てのチャネルがTiDで考慮されているか留意する。

4. 顧客関係とアクターとのインタラクション
   - BMCの顧客関係がTiDのシナリオやビジネスロジックに反映されているか確認する。
   - 注意点：顧客とのコミュニケーションや関係構築の方法が、TiDで具体的に表現されているか留意する。

5. 収益の流れとビジネスロジックの連動
   - BMCの収益の流れがTiDのビジネスロジックと整合しているか確認する。
   - 注意点：収益を生み出す仕組みが、TiDで適切にモデル化されているか留意する。

6. 主要リソースとシステム・データモデルの適切性

- BMCの主要リソースがTiDのシステムやデータモデルとして適切に表現されているか確認する。
　- 注意点：人的リソースや物的リソースが、TiDで漏れなく考慮されているか留意する。

7. 主要活動とビジネスロジックの網羅性
　- BMCの主要活動がTiDのビジネスロジックとして網羅的に表現されているか確認する。
　- 注意点：価値を生み出すための活動が、TiDで具体的かつ網羅的に定義されているか留意する。

8. 主要パートナーシップと他システムとの連携
　- BMCの主要パートナーシップがTiDの他システムとの連携として表現されているか確認する。
　- 注意点：外部パートナーとのインターフェイスが、TiDで明示的に定義されているか留意する。

9. コスト構造とシステム運用の現実性
　- BMCのコスト構造がTiDのシステムアーキテクチャと整合しているか確認する。
　- 注意点：システムの運用や保守に関するコストが、TiDで現実的に考慮されているか留意する。

10. 全体的な整合性と一貫性
　- BMCとTiDの間に矛盾や齟齬がないか、全体的な整合性を確認する。
　- 注意点：BMCとTiDの間で用語や概念の定義が一貫しているか、両者の関係性が明確か留意する。

これらの項目を確認することで、BMCで定義されたビジネスモデルがTiDで適切に具現化され、両者の間に整合性と一貫性が保たれているかを評価できます。レビューの過程では、BMCとTiDの抽象度の違いを考慮しつつ、ビジネス要件とシステム要件の対応関係を丁寧に検証していくことが肝要です。

　ここで大事なことは、あるプロセスの「入力」と「出力」の定義（用語、構造、意味など）を与えれば、その定義に従った実際の入力から出力を作り出す手伝いも、出力を見て入力と突き合わせたレビューも、生

成AIは手伝ってくれるということです。

レビューを生成AIで行う際の概念図を示しておきます。

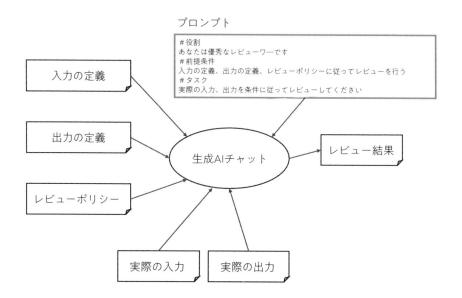

なお、ここではレビューに使っていますが、「実際の出力」や「レビューポリシー」自身を生成したり、入力の定義や出力の定義の作成を手伝ってもらうことも可能です。要するに論理的に作成できる文章なら何でも作成を試みる価値はあるということです。

テスト

テストとは仕様通りに設計（実装）が行われたかを確認する作業です。

ということは、テストをするためには仕様がはっきりしていなければなりません。それでは仕様とはどのようなものでしょう。ここまでにも仕様という言葉は何回か登場していますが、ソフトウェア開発における仕様とはしばしば「What」を表したものと言われます。

何だか、もやっとしますね。仕様と設計（実装）の関係は

What と How の関係

とも言われます。
さらに言い換えれば

「何」を「どのように」実現するのか

の関係なのです。
　ますますわかりにくいと思いますので、単純な例をお見せしましょう。
　プログラミングの例題にはしばしば、ソート（並べ替え）が出てきます。今、整数のソートを考えているとしたら、このソートの「仕様」をどう書くべきでしょう。そしてその仕様に従って書かれたプログラムはどのようにテストされるべきでしょうか。
　たとえば以下のような「仕様」があったとします。

```
# 仕様 v0
与えられた数の列を並べ替えるための関数sort
```

　これを受け取ってプログラムを作成することはできるでしょうか？もちろんプログラマーがいろいろな前提を勝手に決めてよければプログラムを作成することはできます。
　関数の名前、受け取るデータの形式（整数だけなのか、浮動小数点も含まれるのか）、戻り値の形式、どのような結果が戻されるべきなのか（並べ替えの順序は？並べ替えの長さに制限はあるのか？などなど）、そもそも実装言語も指定されていませんね。
　最終的な実装言語は後で考えることにして、もっと厳密な「仕様」を書くためにはどうすればよいでしょうか。

```
# 仕様 v1
関数名：sort
シグニチャ：seq of int -> seq of int
事前条件：true
```

事後条件：戻り値のリストが昇順にソートされている

　この仕様（v1）は前の仕様（v0）よりもいろいろなものがはっきりとしています。何より作るべき関数名が書かれていますね。

　シグニチャの情報から整数（int）の列（seq）を受け取って整数の列を返すことがわかります（ここでの記法は前にも出てきた VDM-SL の記法を借用しています）。そして事前条件が「true」なので、入力はどのようなものでも「真」となり、整数の列なら何がきても受け付けることがわかります（現実的にはあまりにも大きな数列が与えられたときには実行時にリソース関連のエラーが起きると思いますが、ここではそれは考えないことにします）。

　そして仕様の肝である「What」（何）を表している事後条件は、「戻り値のリストが昇順にソートされている」というものです。

　これはプログラミングをするのに十分な情報のように思えます。ではこれをテストするにはどのようにしたらよいのでしょう。テストは仕様に合っているかどうかを確認すると書きましたが、それは「ある（事前条件を満たした）入力を与えて得られた出力が事後条件を満たしていることを確認する」ことと同じです。

　プログラマーは、テストを行うときに「期待値」を用意していると思いますが、この期待値とは「入力から計算される事後条件」に従うものです。

　さて、ここではその期待値の生成も含んで生成AIに仕事を頼んでみましょう。そのためにはもう少し「事後条件」を厳密に書いておく必要があります。

```
# タスク
以下の仕様に基いた go 言語での関数、事後条件も検査する単体テストと一緒に作成してください
# 仕様 v2
関数名：sort
シグニチャ：seq of int -> seq of int
```

> 事前条件：true
> 事後条件：戻り値のリストが昇順にソートされている and 戻り値のリストを構成するする数字は入力のリストを構成する数字と一致する and 入力のリスト長と戻り値のリスト長は同じ

このプロンプトに対して生成AIから得られる出力は以下のようなものです。

> はい、指定された仕様に基づいて `sort` 関数を作成し、単体テストを行いましょう。
>
> `main.go`:
>
> ```go
> package main
>
> import "fmt"
>
> func sort(list []int) []int {
>   if len(list) <= 1 {
>     return list
>   }
>
>   pivot := list[0]
>   var left, right []int
>
>   for _, num := range list[1:] {
>     if num <= pivot {
>       left = append(left, num)
>     } else {
>       right = append(right, num)
>     }
>   }
>
>   left = sort(left)
>   right = sort(right)

```go
    sortedList := append(left, pivot)
    sortedList = append(sortedList, right...)

    return sortedList
}

func main() {
    numbers := []int{3, 1, 4, 1, 5, 9, 2, 6, 5, 3}
    fmt.Printf("Original slice: %v\\n", numbers)

    sortedNumbers := sort(numbers)
    fmt.Printf("Sorted slice: %v\\n", sortedNumbers)
}
```
main_test.go:
```go
package main

import (
    "reflect"
    "testing"
)

func isSortedAscending(list []int) bool {
    for i := 1; i < len(list); i++ {
        if list[i] < list[i-1] {
            return false
        }
    }
    return true
}

func hasSameElements(a, b []int) bool {
    if len(a) != len(b) {
        return false
    }
```

```go
    countA := make(map[int]int)
    countB := make(map[int]int)

    for _, v := range a {
      countA[v]++
    }

    for _, v := range b {
      countB[v]++
    }

    return reflect.DeepEqual(countA, countB)
}

func TestSort(t *testing.T) {
    testCases := []struct {
      name     string
      input    []int
      expected []int
    }{
      {"Empty slice", []int{}, []int{}},
      {"Single element", []int{42}, []int{42}},
      {"Already sorted", []int{1,2,3,4,5}, []int{1,2,3,4,5}},
      {"Reverse sorted", []int{5,4,3,2,1}, []int{1,2,3,4,5}},
      {"Random order", []int{3,1,4,1,5,9,2,6,5,3}, []int{1,1,2,3,3,4,5,5,6,9}},
    }

    for _, tc := range testCases {
      t.Run(tc.name, func(t *testing.T) {
        result := sort(tc.input)
        if !isSortedAscending(result) {
            t.Errorf("sort(%v) = %v; not sorted in ascending order",tc.input, result)
        }
        if !hasSameElements(tc.input, result) {
```

```
            t.Errorf("sort(%v) = %v; elements do not match
input", tc.input, result)
        }
        if len(tc.input) != len(result) {
            t.Errorf("sort(%v) = %v; length does not match
input", tc.input, result)
        }
    })
  }
}
```

`main.go`ファイルには、`sort`関数の実装が含まれています。この関数は、クイックソートアルゴリズムを使用して、整数のスライスを昇順にソートします。

`main_test.go`ファイルには、`sort`関数の単体テストが含まれています。以下の条件をチェックするヘルパー関数を定義しています。

- `isSortedAscending`：リストが昇順にソートされているかどうかを検査します。
- `hasSameElements`：2つのリストが同じ要素で構成されているかどうかを検査します。

`TestSort`関数では、様々なテストケースを定義し、それぞれの入力に対して以下の条件を検証します。

1. 結果のリストが昇順にソートされていること。
2. 結果のリストを構成する数字が入力のリストを構成する数字と一致すること。
3. 入力のリスト長と結果のリスト長が同じであること。

`go test`コマンドを実行することで、テストを実行できます。

```
$ go test
PASS
ok      myproject       0.005s
```

テストが成功すると、上記のような出力が表示されます。

これで、指定された仕様を満たす `sort` 関数が完成し、単体テストにも合格しました。関数は昇順にソートを行い、入力と出力のリストの要素と長さが一致していることを確認しています。

ここで注目してほしいのは、事後条件がどのように展開されているかの部分です（前の出力の網掛け部分、以下に詰めて再掲）。

```go
    if !isSortedAscending（result）{
        t.Errorf（"sort（%v）= %v; not sorted in ascending order", tc.input, result）
    }
    if !hasSameElements（tc.input, result）{
        t.Errorf（"sort（%v）= %v; elements do not match input", tc.input, result）
    }
    if len（tc.input）!= len（result）{
        t.Errorf（"sort（%v）= %v; length does not match input", tc.input, result）
    }
```

この部分は事後条件として書いた、以下の部分に相当しています。

> 事後条件：戻り値のリストが昇順にソートされている and 戻り値のリストを構成するする数字は入力のリストを構成する数字と一致する and 入力のリスト長と戻り値のリスト長は同じ

この事後条件の検査コードが生成されていると何が嬉しいのでしょうか。それはその直前にある「テストケース」もテストしてくれるということです。生成されたテストケースとは次の部分です。

```go
  testCases := []struct {
    name     string
```

```
    input    []int
    expected []int
}{
    {"Empty slice", []int{}, []int{}},
    {"Single element", []int{42}, []int{42}},
    {"Already sorted", []int{1,2,3,4,5}, []int{1,2,3,4,5}},
    {"Reverse sorted", []int{5,4,3,2,1}, []int{1,2,3,4,5}},
    {"Random order", []int{3,1,4,1,5,9,2,6,5,3}, []int{1,1,2,3,3,4,
5,5,6,9}},
    }
...
```

　ここでは「空のリスト」、「1つだけ要素のあるリスト」、「既にソート済みのリスト」、「逆順になっているリスト」、「ランダムなリスト」といったテストケースが生成されています。この程度のテストケースなら人間が目で見ても大きな負担はないかもしれませんが、数が多くなってくると一つひとつのテストケースを人間がミス無くチェックできるかどうかは怪しくなってきます。

　このとき上に示したような「事後条件によるチェック機構」がそもそも組み込まれていれば、テストケース自身のテストにも役立ちます。

　生成されたコードそのものは当然テストしなければなりません、しかしそのテストを行うためのテストケースそのものの正しさをどのように検査するかと考えたときに、事後条件を使った「テストケースのテスト」は有効な手段の1つとなります。

　もちろん事後条件のチェックの内容もレビューする必要がありますが、プログラム、テストケース、事故条件チェックを組み合わせることで信頼性を高めることができます。

　この手法を効率よく行うためには、まだまだプロンプトの工夫や効率的なレビューの方法が必要です。しかし事後条件を活用した検査コードの生成という手段は生成AIの登場によって現実味を帯びてきたのです。

第6章 検証

解説：「検証」の振り返り

検証の章では、妥当性確認と正当性検証という2つの立場を説明し、それぞれの仕事に生成AIがどのように活用できるかを説明しました。

妥当性確認は発注者（利用者）の抱えている課題を作っているシステムが解決してくれるかを確認し続けるという行為です。これはどのフェーズを行っているときにも忘れてはならない視点です（何しろいくら「正しい」プログラムを作ってもそれが最終的に問題の解決に寄与してくれなければ意味がないからです）。

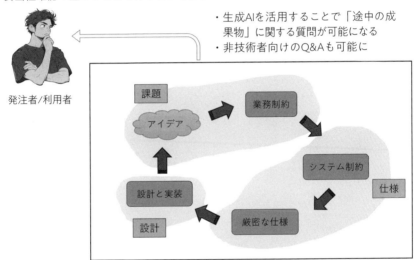

課題に対して、定義された成果物がどのように寄与しているかの確認を、生成AIを使って支援する方法を示しました。紹介したのはBMCに対してTiDをチェックするというやり方でしたが、課題のレベルでもっと違う形のまとめを行うことはもちろん可能です。その場合でも「何が課題であり、解決したい問題なのか」がはっきりしていれば、そこから展開される解を「この解はもともとの課題を解決してくれるだろ

215

うか?」というやり方で妥当性を確認することができます。

そのときに全くのフリースタイルのテキストよりも、BMCやTiD、アプリケーション仕様とビジネスレイヤー仕様のような、ある程度フォーマットと意味が決まっている成果物を想定したほうが、扱いも簡単になるはずです。

正当性検証の話ではやや細かいテストの話をしました。ここでは仕様とその確認という話題を取り上げました。例題は最後の細かいプログラムのテストでしたが、どのステップも、成果物が先行する記述（仕様）に従っているかどうかを検証しなければならないと意味では同じ構造をしています。

正当性検証：正しく作っているか？

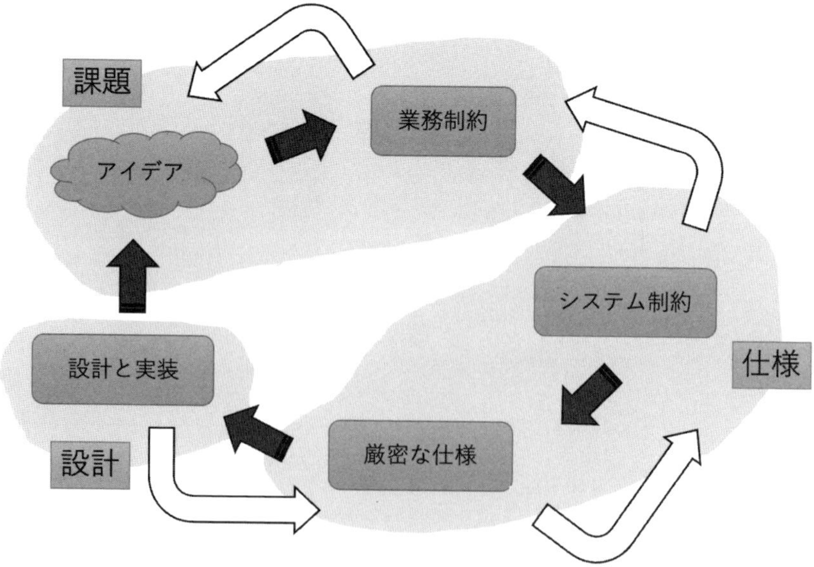

いずれのステップも、入力定義、出力定義、レビューポリシー、実際の入力、実際の出力をうまく与えることで、レビューやテストに相当する出力を得ることができるでしょう。

以下の図を再掲しておきましょう。

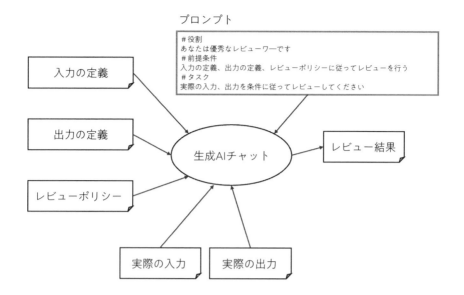

　この図を一般化して考えると、実はあらゆるレビュー作業に適用できそうだということがわかります。結局適用の際には「入力の定義」、「出力の定義」、「レビューポリシー」がきちんと用意できるかがレビュー品質の分かれ目になります。

Column

抽象化、詳細化、パラフレーズ

　生成AIを使って、アイデアを練っている際に、単に「もっとよいアイデアは？」と聞くだけでは、今一つの成果しか得られないことが多いかもしれません。そんなときは、抽象度を変える切り口を指定して尋ねてみましょう。

　たとえば「高齢者にとって使いやすいインターフェイスとは？」という質問をして「シンプル、読みやすい、ナビゲーションしやすい、視覚的な手がかり、エラー防止と回復、音声サポート、カスタマイズ性、反応速度」といった答（実際はもっと詳細）が返ってきたとします。このときにたとえば3つの切り口で質問を重ねることができます。

1. 抽象化：「そもそも、こうした特性が必要となる理由は？」
2. 詳細化：「『視覚的な手がかり』の具体例は？」
3. パラフレーズ：「他に考えられる視点は？」

こうした質問を思いつくままに繰り返して、自分の頭の中の様々なアイデアを吐き出していくことも可能です。

ここでは「抽象度」というキーワードに目をつけて、それを軸にした質問をしていますが、もちろん別のどんな軸でも構いません。たとえば「公益性」とか。

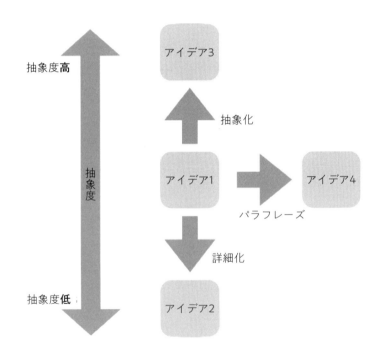

あと、人間に対してやると絶対に嫌われますが（笑）、「なぜ」を繰り返して問いかけることもアイデアを練っている際には有益です。もちろん明快な答えが出ないことも多いのですが、「なぜ」を繰り返すうちに、聞いている人間の頭の中が段々整理されていくのです。

第7章

全体の振り返り

この章では全体を振り返って、積み残したトピックを取り上げます。具体的には、生成AIを使う場合の「開発ライフサイクル」「RAGとソフトウェア開発」「万能生成器としてのAI」を考察します。そして最後に、銀杏商店街ポイントシステムの最新状況を見てみましょう。

解説：開発ライフサイクル

　ここで改めて説明しておきたいのは、想定している開発ライフサイクルです。本書で繰り返し登場したように、次のような開発ライフサイクルを想定していると最初に述べました。

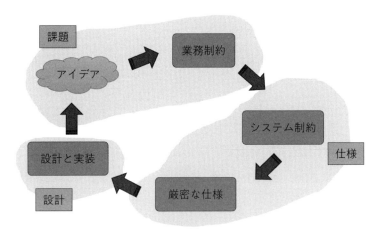

ソフトウェア開発のライフサイクル

　非常に誤解を受けやすい表現だったかも知れませんが、この図はいわゆる「ウォーターフォール開発」を想定したものではありません。これは大事なことなので改めて念を押しておきます。

　この図が表しているのは「情報の依存関係」です。アイデアがなければ業務制約を導くことはできませんし、業務制約がなければシステム制約に展開することはできません。しかし、そのことは、必要に応じて特定のテーマをどんどん進めていくことを妨げるものではありません。

　それぞれのアクティビティが並行して走っていても構わないのです。

119ページのコラム「アプリケーションとMVP」にも書いたように、必要最小限の製品を作るために、BMC（ビジネスモデルキャンバス）の要請するKA（主要活動）のさらにコアになる部分の活動を取り上げて、最小限のTiDを切り出し、必要な部分の実装を先に行い、残りの部分をアジャイルに構成していくこともちろん可能です。

小さな課題を連続して解決していく、あるいは並行して解決していく場合にも、規模は小さくても「課題」「仕様」「設計」の区分の意識は大切です。

「進め方がアジャイルかどうか」ということと、「課題、仕様、設計の関係をはっきり意識しておく」ということは別問題なのです。

157ページの「解説：生成AIを使ってコードを生成する」の節でも説明しましたが、この先「エージェントによるアプリ生成」がどんどん広がってくるかもしれません（2024年9月時点ではまだ先は見通せていませんが）。こうした自動化が進むにしても「仕様策定の前半」（本書で言えばTiDを作成して、ビジネスロジックやデータモデル、アクターとやり取りをするインターフェイスの振る舞いなどが決まったあたり）までの作業は人間が行う必要がありそうです。

改善アイデアは次々と出てきますので、新しい解も次々と生まれます。そしてその解が実装されて継続的にリリースされていくという動きはCI/CD（継続的インテグレーション/継続的デリバリー）として日本でも認知されてきています。そうした動きと本書で解説した開発サイクルは矛盾したものではありません。

解説：RAGとソフトウェア開発

「妥当性確認」の節にも少し出てきましたが、2024年9月現在では企業による生成AIの活用という話題にはRAGというキーワードが付き物

のようになっています。RAGはRetrieval-Augmented Generation（検索拡張生成）の略であり、その内容は、生成AIの持つ一般的な知識に加えて、特定の知識を与えて生成を行う技術を指しています。

　この特定の知識とは、たとえば社内のルールや、部門のルール、プロジェクトのルール、特定分野の専門知識などを意味しています。システム開発の場合はプロジェクトの成果物を与えていくことで、次の成果物の生成に使ったり、発注者（利用者）の質問に答えて妥当性確認に使うことなども可能になります。

　RAGを実現する方法も2024年9月時点では急速に進展していますので、あまり細かいことを書いても仕方ないのですが、今後の方向性を探るためにいくつかのカテゴリに分けて説明します。

・フレームワークとAPIを駆使したプログラミング
・ノーコードやローコードの開発環境を使う手法
・RAGを簡単に実現できるアプリケーションの利用

フレームワークとAPIを駆使したプログラミング

　生成AIを提供する各社のAPIを利用すれば、自分で使うAIを作ることができます。もちろんAIコアになるエンジンそのものはなかなか作成できませんが、それでもメタ社の提供するLlama3などのオープンソースも増えています。オープンソース版を使えば、計算リソースは必要ですがオンプレミスやローカルPC上の環境を作成することも可能です。

　AIコア以外の部分を作成して、動的に外部の情報を取り込むことでRAGを実現することができます。

　これも何もないところからプログラミングするのは大変なので、便利なフレームワークが存在しています。有名なものはLangChainと呼ばれるフレームワークで、Pythonのライブラリとしてオープンソースで提供されています。

　LangChainは様々な形式のデータソースを生成AIに取り込むためのアダプタを用意していて、それを駆使することで専用のRAG環境を作成することも可能です。ただ、自由度は一番高いものの難易度も高くなっています。

ノーコードやローコードの開発環境を使う手法

　ハードルが高いLangChainのような仕組みを、ノーコード的あるいはローコード的な手法を使って難しさを覆い隠し、比較的取り組みやすくした開発環境も出始めています。

　代表的なものはDifyというツールで、様々な生成AIのサービスをビジュアルにつなげていき、プロンプトと組み合わせることで、RAG対応のチャットボットやワークフローを作成することも可能です。この原稿を執筆している時点でCozeというツールも発表されました。これもまた手軽にAIを組み込んだワークフローを定義できそうです。

　Difyにはサーバー上で有償提供されるサービスもありますが、コードはオープンソースとして公開されているため、エンジニアが少し頑張ればオンプレミスの環境を無償で構築することも可能です。この場合、外に情報を出さないRAG付きの生成AI環境を構築することが可能になるということです。もちろん計算リソースはかなり必要になりますし、OpenAI、Google、AnthropicなどのAIに比べればオープンソースで手に入るAIは見劣りがします（それでもRAGで適切な情報を与えれば、ある特定の用途には十分以上の性能を発揮できる可能性はあります）。

RAGを簡単に実現できるアプリケーションの利用

　前の2つのカテゴリは何らかの意味でのプログラミングを必要としていましたが、RAGを気軽に実現できるアプリケーションも登場し始めています。もちろんプログラミング方式に比べると制約も多いのですが、ちょっとした用途に気軽に使うことができます。

　こうしたものの例には、AfforaiやNotebookLMと呼ばれるアプリケーションがあります。どちらも情報ソースを与えるとそれをRAGの対象として扱い、それらの情報ソースに対する質問に答えてくれるようになります。

　以下にAfforaiとNotebookLMの画面を示します。どちらも本書を書く途中で作成した中間成果物を読み込ませてみました。

Afforaiの画面。銀杏商店街ポイントシステムに関するリソースが登録されている

NotebookLMの画面。ここにも銀杏商店街ポイントシステムに関するリソースが登録されている

　これら2つの動作は似通っていて、様々な情報ソースをアップロードするとその内容に関する質問に答えるようになっています。質問の仕方によるのですが、アップロードされた情報ソースの中から答を探そうとするので、「ハルシネーション（間違い）が起きにくい」と宣伝されています。しかし、確かに間違いは少ないものの、完全になくなるわけではありません。人間によるレビューは、やはり必要です。

どちらもプログラミングは不要で、自分の手持ちの資料をどんどんアップロードして行き、内容の問い合わせだけでなく、要約や目次などを作成するのにも便利です。

Afforaiは有料で学術論文の引用に強く、NotebookLMは現状無料でGoogleによって提供されていてエンジンがGemini 1.5 Pro（2024年9月時点）であるという特徴があります。

解説：モデルと表現 - 万能生成器としてのAI

現在の生成AIの特徴とは何でしょう。その名前—人工「知能」—にかかわらず、機械は決して人間の持つような知能を有しているわけではありません。

極端な言い方をするなら、恐ろしく大量の情報を整理し、要求に沿う形で再生成することができるだけです。もちろん大量の情報を「整理」できるだけでも、これまでの機械とは大きく異なる特徴なのですが。

本書の「課題探求」の章の「解説質問文の作成」でも触れましたが、生成AIに対するプロンプトには、以下の要素を盛り込みたいと書きました。

(1) 生成AIに割り当てたい役割
(2) 前提条件や背景情報
(3) 生成する成果物とその出力形式
(4) 仕事の遂行のために不足している情報があれば質問をするように生成AIへ促す

生成AIは「Whatの道具」なので、どのように答を出すかではなく、「どのような立場で、どの情報源から、どのような基準に従う結果を欲しているのか」をきちんと伝えることが大切です。

こうした促し（プロンプト）がきちんと出せれば、生成AIは豊かな成果物を生成しやすくなります。上の4つの要素でいえば、2点目と3点目をきちんと指定できれば、成果物の品質は向上します（次図の網掛け部分）。

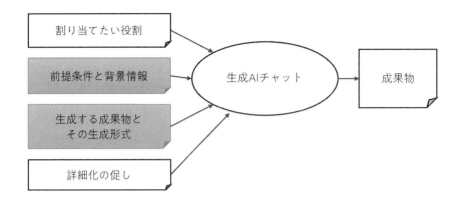

では、ここでいう「きちんとした指定」とは何でしょうか？それは基本的には構造と意味が明確であるということです。たとえばここで、

(1) テストデータ専門家
(2) 関数y=f(x)、x, y は整数、事前条件：x > 0 and x < 100 and x は素数、事後条件：y の値は x * x
(3) 関数f(x)のテストケースを表形式で。事前条件違反も盛り込む
(4) より詳しい情報が必要な場合は質問してください

だとして、以下のようなプロンプトを与えてみましょう。

```
# 役割
あなたはテストデータ専門家です

# 前提条件
関数 y = f (x)、x, y は整数、事前条件：x > 0 and x < 100 and x は素数、事後条件：y の値は x * x

# 出力と出力形式
関数 f (x) のテストケースを表形式で作成。事前条件違反も盛り込む

# その他
より詳しい情報が必要な場合は質問してください
```

出力は、たとえば以下のようなものになります。

ご依頼ありがとうございます。関数 f(x) のテストケースを作成いたします。事前条件を満たすケースと違反するケースの両方を含めます。以下に表形式でテストケースを示します：

テストケース	x の値	期待される y の値	備考
1	2	4	最小の素数
2	3	9	
3	5	25	
4	7	49	
5	11	121	
6	97	9409	条件内の最大の素数
7	0	-	事前条件違反 (x > 0)
8	100	-	事前条件違反 (x < 100)
9	4	-	事前条件違反 (x は素数)
10	-3	-	事前条件違反 (x > 0 および x は素数)

この表には、事前条件を満たす正常なケースと、事前条件に違反するケースの両方が含まれています。テストケース1から6は有効なケースで、7から10は事前条件違反のケースです。
追加の情報や別の形式でのテストケースが必要な場合は、お知らせください。

Whatを指定したことで、プログラムはまだ作成していないのに、テストケースが生成されています。

前提条件や背景情報にはもっと複雑なものを与えることが可能です。

さて、たとえばキャンプ場の予約申込案内の文章を作りたいと考えているとしましょう。予約開始に際しては様々な前提条件があるはずですから、そうした条件を考えて文言の作成を依頼することができます。

```
#役割
公募デザイン担当者として振る舞う

#タスク
「青空キャンプ場」の予約開始案内の文言作成

#背景情報と前提条件
予約開始は5月13日（月）から
```

電話：123-456-7890（受付 10:00-17:00）
ネット：xxx.xxx.xxx
予約責任者は18歳以上
人数は1名から10名まで
詳細：xxx.xxx.xxx
問い合わせ：xxx@xxx.xxx

その他
多くの参加を促す楽しい文言にしてください
他に盛り込むべき要素がある場合は提案してください

この結果、次のような出力が得られました

🏕 青空キャンプ場 予約開始のお知らせ 🌲

自然の中で最高の思い出を作りませんか？青空キャンプ場の予約受付がまもなく始まります！

📅 予約開始日

5月13日（月）から

📝 予約方法

1. 🌐 オンライン予約： ▓▓▓▓▓▓▓▓▓▓▓▓ 24時間いつでもOK！
2. 📞 電話予約：123-456-7890 受付時間：10:00-17:00

✨ ご予約の際の注意点

- 予約責任者は18歳以上の方に限ります
- グループサイズは1名から10名まで
- 詳細は公式サイトをチェック： ▓▓▓▓▓▓▓

📧 お問い合わせ

ご不明な点がありましたら、お気軽にメールでお問い合わせください：
▓▓▓▓▓▓

🏕 さあ、青空の下で素敵な思い出づくりを始めましょう！
ご予約お待ちしています！

必要な情報が盛り込まれた叩き台ができましたね。さて実はここで大切なことは、上記のプロンプトの中にある以下の部分です。

> 予約開始は5月13日（月）から
> 電話：123-456-7890（受付 10:00-17:00）
> ネット：xxx.xxx.xxx
> 予約責任者は18歳以上
> 人数は1名から10名まで
> 詳細：xxx.xxx.xxx
> 問い合わせ：xxx@xxx.xxx

　この部分は短い文章の箇条書きを使って盛り込みたい内容が網羅されています。簡潔であるが故に、ヌケモレや詳細な情報の間違いを皆で確認しやすい形式です。
　これに対してもし最初から生成された文章のようなものが出てきたらどうでしょう、必要な情報が網羅されているかどうかのチェックは、箇条書きよりは少し手間がかかったはずです。
　まあ実際にはこの程度ならそれほど手間の違いはないかもしれませんが、もう少し複雑な条件を伝えようとしていて、普通の文章の中にそれらが散りばめられていたとしたら、人手によるチェックの難易度は上がるはずです。
　さて、こうして「日本語」案内文を作成しましたが、他の言語の案内文はどうでしょう。
　普通だと「日本語」の案内文を完成させてから、その文章を誰かが英語（なり他の言語）に翻訳することになります。最近だと「翻訳ソフト」を使うことも多いかもしれませんね。
　しかし翻訳ソフトは完璧ではありません。文章には「伝えたいこと」以外の文章も含まれていますし、何が伝えたいことの中心かを「翻訳ソフト」は知ることができないのです。
　もともとの情報の中心には伝えたいモデル（model）があります。それをここの例では、人間が読むための案内文という表現

（representation）に変換しているわけですが、一度一次元の文章表現に変換してしまうと、それをまた別の表現に再変換するのは大変です。これは「表現」に変換した段階で、もともとのモデルの持っていた構造が失われてしまうからです。

次に示す図の下のほうでは、これまで主流だった「伝えたいこと」を「表現1」に変換し、それをさらに別の「表現2」に翻訳するという流れを示しています。

しかし、下の図の右側に示したように、これからは「伝えたいこと」（model）を直接ターゲットである表現に変換・生成されていく機会が多くなってくるのかもしれません。

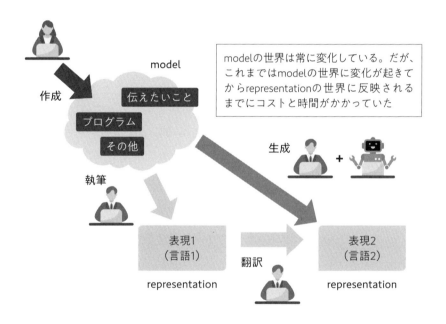

次に示すのは、上と同じプロンプトを与えて、「英語で作成してください」とさらに追加した場合の出力です。日本語の案内文を経由して生成されているわけではないことに注目してください。

⛺ **Aozora Campsite Reservation Announcement** 🏕

Ready to create unforgettable memories in nature? Aozora Campsite reservations are about to open!

📅 **Reservation Start Date**

From Monday, May 13th

📝 **How to Reserve**

1. 🌐 Online Booking: ▮▮▮▮▮▮▮▮▮▮▮▮▮ Available 24/7!
2. 📞 Phone Booking: 123-456-7890 Reception Hours: 10:00 AM - 5:00 PM

📋 **Reservation Guidelines**

- The person responsible for the reservation must be 18 years or older
- Group size: 1 to 10 people
- For more details, check our official website: ▮▮▮▮▮▮▮

📧 **Inquiries**

If you have any questions, feel free to email us at:
▮▮▮▮▮▮

💌 Let's start making wonderful memories under the blue sky!
We look forward to your reservation!

物語：パイロット版稼働

　銀杏商店街ポイントシステムのパイロット版が完成して、一部のユーザー（商店街関係者、常連客）を相手に試験運用が始まることになった。

　緋村と星見は稼働のための準備に奔走したが、パイロット版のリリース前の段階でもプロトタイプ版の運用が行われていたため、移行そのものは比較的スムースに進んだ。

　とはいえ、スマートフォンに限定された運用は遠からず見直しがかかるかもしれない。いまやスマートフォンを利用する人が圧倒的とはいえ、諸般の事情でスマートフォンを持っていない、操作できない層もいるからだ。

　一番あり得るのは、個人に対して発行するQRコードの印刷されたポ

イントカードだ。数が少なければこれが当面の対処法となるだろう。そのためのTiDを定義することになるだろう。店舗で印刷するわけにもいかないので、あらかじめ印刷されたQRコード付きカードを便利な場所（バス停や駅近くにある店舗など）に置いてもらうことになるかもしれない。そのときにはQRコードと個人の紐付けを何らかの手段で行うことになるだろう。

星見：「やっと試験運用が始まるね」
緋村：「ああ、やっとだね。これで試験運用もうまくいくといいけどね」
星見：「プロトタイプ運用が20人ぐらいで……試験運用参加者は全部で100人くらいだったかな」
緋村：「そうそう、まあ急激に増やすよりまずはそのくらいからということになってね。店舗側の人たちもアプリの操作に慣れなきゃいけないし」
星見：「本格運用になったら、リピーターを増やす効果が本当に出るといいね」
緋村：「まあ最初は単純なポイント交換だけど、いろいろな企画ができるようにしていきたいね。継続的に相談にのってくれると嬉しいけどね」
星見：「こちらこそ、これからもいろいろと相談に乗らせてくれよ」

　銀杏商店街の物語はまだまだ続きそうだ。

おわりに

　本書の生成AIを使ったソフトウェア開発の物語は、ここで一旦終わることとします。
　そもそもソフトウェア開発というテーマだけでも莫大なトピックがあるのに、それをそれほど厚くもない書籍に詰め込もうというのですから無茶もいいところです。かなり駆け足の内容になってしまったかと思います。それでも全体像を紹介できて、各フェーズの役割が少しでも明確になり、読者の皆さんが、この先さらなる探求に向かうきっかけになれたなら、これ以上の喜びはありません。

　著者は2022年末に ChatGPT に出会ったとき、この技術が私たちの「知的生産」に大きな影響を与えると考えました。
　当然ながらそれは「知的生産」の一種である「ソフトウェア開発」にも大きな影響を与えることは必至と思われました。
　そうでありながら、どのようして生成AIをソフトウェア開発に活かせばよいかは手探りでした。今でも（2024年9月）多くの人たちがそれぞれの現場で様々な努力と試行を重ねていると思います。
　単に「いい感じでソフトウェアを作ってよ！」で済んだなら苦労はしなかったでしょう。
　開発の最後のプログラミングの部分や、操作マニュアルの執筆や翻訳の一部には生成AIがすぐに使えそうでしたが、実際にはそこにたどり着く前に「何が解くべき課題であるか」や「誰がどこで何をすることでその課題を解決できるのか」の部分はまだまだ人間が考える必要がありそうでした。
　本書は、そうしたいわゆる「上流」に始まり、いわゆる「下流」に至るまでの工程を、現在の生成AIとの対話を通してどのように進めていけばいいかのヒントとして示したものです。もとよりこれが唯一の正しいやり方という主張ではなく、そもそもソフトウェア開発を構成する3つの視点「**課題**」「**仕様**」「**設計**」を示しながら、それらの間を生成AI

がどのようにつないでくれる可能性があるのかを示しました。

　ソフトウェア開発そのもの、ソフトウェア工学そのもの、ひいては自分の行っている作業そのものに関する理解が深くなればなるほど、効果的な指令（プロンプト）を生成AIに与えることが可能になります。使っている人の力量を大きく超える結果を生成AIはなかなか返してくれません。また、生成AIの成果物をレビューできなければ、高い品質を最終的に保証はできません。読者のみなさんにはぜひ様々な開発手法にも親しんでほしいと思います。

　「はじめに」でも書いたように、生成AIは「Whatの道具」です。つまり「成果物をどのような手順で作って欲しいのか」を指定するのではなく「どのような性質を持つ成果が欲しいのか」を指定することで、生成AIが内部に持つ高度なノウハウが注ぎ込まれて、成果物が生成されます。そのためには何よりも、入力の定義、出力の定義、実際の入力、出力に加えたい性質をはっきりと与えることが効果的です。この「きめ細かなWhat」を与える力量が現在の生成AIの成果物の品質に直接関わってきます。

　なお、そんな「きめ細かなWhat」がよくわからないと尻込みする必要はありません。そうしたWhatそのもののアイデアもまた生成AIに聞くことができるからです。そこから得られたヒントを叩き台に、「きめ細かなWhat」を練り上げていく戦略が有用です。

　最後に。「第5章　設計と実装」の「エージェントによるアプリケーション生成」の節でも、そして「第7章　全体の振り返り」の「解説：開発ライフサイクル」の節でも書いたように、この先AIエージェントがより課題に近い段階から「自動生成」を助けてくれるようになってくるかもしれません。

　そうしたAIによる侵食が進んだ究極的な世界では、最後に人間の役目として残るのは「何が課題か、解決すべき対象かを決める」ことだけになるでしょう。それがいつ来るかはわかりませんがそうなったらシン

ギュラリティ（技術的特異点）が到来したと言ってもいいのかもしれませんね。

　とはいえ2024年9月の時点では、いろいろな意味で簡単にはそうならないと思っています。「何が課題か、解決すべき対象かを決める」こと、それを発注者と一緒に考えることはこれからの開発者にとって、とても重要なトピックとなることでしょう。

解説：デジタル時代のすべての人に役立つ
　　　AIとの付き合い方「読本」

羽生田栄一（豆蔵デジタルHDグループCTO、IPA主任研究員）

　それにしても凄い時代に突入したものです。私が生きているうちに、いわゆるチューリングテストを軽々と通過する人工知能（AI）が登場するとは思ってもみませんでした。ここ数十年、AIの研究はダートマス会議に始まり、日本の第5世代コンピューティングを含めて様々に行われてきました。機械翻訳を含む自然言語処理も機械可読辞書の整備や文法理論の精緻化から統計処理に基づく職人芸的な機械翻訳ノウハウを積み上げるというような悪戦苦闘がずっと続いてきました。そうした努力をあざ笑うかのようにして躍進してきた深層学習による自然言語処理わけてもTransformerという技術に基づく大規模言語モデル（LLM）やその類縁技術である生成AIの成功が、人間とAIとのごく自然な対話を実現してしまったという事実は冷静に受け止めねばなりません。

　一方で、LLMに代表される生成AIは、既存の大量言語データの学習に基づいて、あくまで統計的に次単語予測を行っているだけであり、人間のように意味を理解しているわけではないという批判も行われています。ときどきハルシネーションという文脈上も見当違いな回答を返してくることもしばしばです。しかし、LLMが意味を理解していないという批判は半分正しく、半分間違っていると言えましょう。確かに、人間のような自分の身体を通した経験に基づく対象や概念の意味理解はできていません。ところが人類が過去に生み出してきた言語テキスト上での膨大な参照・隣接に基づく単語同士の暗黙の関係というインナーテキスト/インターテキスト知識の習得に関しては、人間の追随を許さないレベルに達しています。しかもその言語知識は、高次ベクトル空間内に単語やフレーズの位置価の違いとして埋め込まれており、言い換えればソシュールのいう差異の体系を数学的に精密化した意味空間が実現されていると言えます。これが現在のLLMの秘密であり、限界でもあるので

しょう。

　自然言語という誰もが使えるインターフェイスが与えられたことで、AIは単なるツールであることを超えて、利用者をエンジニアに限定することなく目的意識を持ったすべての人々にとっての知的な仕事のアシスタントとなる道が開かれました。やってほしい仕事の目的やゴールを明示して（Whatの提示）、やってほしい仕事の進め方（Howの提示）を丁寧に指示してやれば、あとは仕事を実行してくれる。まさにAIエージェントを皆さんの身近に置いておける時代が到来したわけです。

　近年では、AIエージェントに与える指示（プロンプト）の与え方をノウハウとして整理したプロンプトエンジニアリングが盛んに喧伝されていますが、本書の著者である酒匂氏の主張はもっとシンプルであり、より本質を突いています。個別のAIアプリの技術進化はあまりにも早いので、プロンプトの書き方を個別に学ぶような努力よりも、「自分のやりたいことのWhatとHowに関して、まさにAIと対話しながら探索していく」というAIとの付き合い方、その態度を身に着けることこそが大事だと主張されているのです。実はこの考え方は、モデル駆動開発に通じます。WhatやHowをできるだけ実現方法に依存しない宣言的な形（モデル）で記述しておき、そこから同じ内容を表す日本語や英語の文書や図表、さらにはプログラムを生成するということだからです。

　AIがハルシネーションと呼ばれる偽情報を返してくることも織り込んだうえで、「人間側が主体性を持ってWhat/Howの仮説を提示してAIと対話しながら、その回答を検証・見直しながらソリューションの改善を進めていく」というプラグマティックな態度（アジャイルな仕事の進め方と言ってもよいでしょう）が、一般人の誰にでも求められる時代になったとも言えます。文書の要約やレビュー、あらたな文書の作成といったテキスト処理だけでなく、もっと曖昧なアイデアの発想企画や分類整理、業務内容をユースケース記述に変換する、ビジネス課題や戦略をビジネスキャンバスやマップを使って可視化してプレゼンに使うといった広範囲のホワイトカラーの仕事にも生成AIは十分活用できるのですから。

もう1つ重要なことは、LLMが得意なのは自然言語だけではなく、より形式的な言語であるプログラミング言語の解釈や生成も大得意であるという点です。この能力を有効活用することで、ソフトウェア開発は有能なソフトウェアエンジニアをチーム内に1人ないし複数人確保できたと言えるわけです。ソフトウェアの作り方に関するプロセスを生成AIの導入で大きく効率化できるわけです。別の言い方をすれば、生成AIの登場によって、ソフトウェア工学の実践の仕方が見直される必要があるということでもあります。その具体的な事例はぜひ本文を熟読してほしいのですが、要求文書や仕様そしてプログラムのレビューにおいても生成AIは大いに活用できるし、設計の可視化としてコードからUMLのシーケンス図やER図等のダイアグラムを生成することも容易です。マルチモーダルの機能を使えば、ユーザーシナリオから画面スケッチや利用場面の動画を生成したりすることもできるようになるでしょう。

　問題意識や課題感を持った主体性のある人間にとって、AIはとてつもなく有用な対話相手（相棒＝AIエージェント）になり得るということです。エンジニアではない発注者とエンジニアである受注者の間を媒介するAIエージェントという構図はこれからのソフトウェア開発を大きく変えていくでしょうし、必ずしもソフトウェア開発に限らずあらゆる創造的なプロジェクトにおいて、有能なチームメンバーとしての位置づけが与えられて活躍していくことでしょう。そのとき、あなたもそのチームの人間メンバーとして活躍するにはどうすべきか、ぜひ本書を読んで、一緒に考えてみませんか。

参考：経済産業省や情報処理推進機構（IPA）でも生成AIへの向き合い方を整理しています。
「生成AI時代のDX推進に必要な人材・スキルの考え方2024」〜変革のための生成AIへの向き合い方〜
https://www.meti.go.jp/press/2024/06/20240628006/20240628006.html

■ 著者

酒匂寛 (さこう・ひろし)

1980年代初頭にソフトウェア業界に就職したことから、ソフトウェア開発とコンサルティングの道を歩み始める。大規模な事務処理系のソフトウェアや、組み込み系と呼ばれる人の目に直接触れないソフトウェアを多く手掛けてきた。1990年代までは開発ツールとオブジェクト指向、21世紀になってからはこれに加えて形式手法を中心に扱ってきた。主なテーマは開発における情報の整理と共有、検証と正しさの担保。最近の興味は専門的作業に対する生成AIの活用。並行して専門書籍の翻訳を行っている。

主な著書『課題・仕様・設計 不幸なシステム開発を救うシンプルな法則』(インプレス)、主な訳書『オブジェクト指向入門 第2版 原則・コンセプト』(翔泳社)、『ソフトウェア要求と仕様 実践、原理、偏見の辞典』(エスアイビー・アクセス)、『作ることで学ぶ Makerを育てる新しい教育のメソッド』(オライリー・ジャパン)、『ライフロング・キンダーガーテン 創造的思考力を育む4つの原則』『教養としてのコンピューターサイエンス講義 第1版・第2版』『CODE コードから見たコンピュータのからくり 第2版』(日経BP)など。

■ 解説

羽生田栄一 (はにゅうだ・えいいち)

株式会社豆蔵創業者、技術士[情報工学]、株式会社コーワメックスおよび豆蔵の取締役兼グループCTO。

オブジェクト指向モデリング、デザインパターンを含む各種パターンランゲージやアジャイル開発の教育・コンサルに従事。現在、情報処理推進機構IPA主任研究員を兼務し、DX推進のための研究調査、トラパタ・まなパタといったデジタル時代のマインド・作法を抽出したパターンランゲージの制作・啓蒙にも関わっている。

上流から下流まで
生成AIが変革するシステム開発

2024年9月17日　第1版第1刷発行

著　者	酒匂寛
解　説	羽生田栄一
発行者	中川ヒロミ
発　行	株式会社日経BP
発　売	株式会社日経BPマーケティング 〒105-8308 東京都港区虎ノ門4-3-12 https://bookplus.nikkei.com/
装　丁	小口翔平＋後藤司（tobufune）
編　集	田島篤
制　作	相羽裕太（株式会社明昌堂）
印刷・製本	TOPPANクロレ株式会社

本書の無断複写・複製（コピー等）は、著作権法上の例外を除き、禁じられています。
購入者以外の第三者による電子データ化および電子書籍化は、私的使用を含め一切認められておりません。
本文中に記載のある社名および製品名は、それぞれの会社の登録商標または商標です。
本文中では®および™を明記しておりません。
本書に関するお問い合わせ、ご連絡は下記にて承ります。
https://nkbp.jp/booksQA

ISBN 978-4-296-07105-0
Printed in Japan
© Sako Hiroshi 2024